JN255801

写真－1　ナミビア首都の隕鉄（p.2）

（2002年 8 月、能田撮影）

写真－2a　崑崙山脈の高峰（p.24）

写真−2b　タクラマカン砂漠の著者(左)と乙藤洋一郎隊員（p.24）
（a,bとも　1988年８月　京都大学崑崙学術登山隊員　伊藤宏範 撮影）

写真−3　グリーンランド・イスア地域：地球最古の岩体（p.51）
（1990年７月、能田撮影）

写真−4　ナミビアの石灰岩（p.56）

（2002年 7 月、能田撮影）

写真−5　ナミビア西岸の海岸砂漠（p.86）

（2002年 8 月、能田撮影）

写真−6　モンブランの氷河（p.88）

（2002年 8 月、能田撮影）

写真−7　シベリアのタイガ（p.144）

（2007年 9 月、能田撮影）

デージーワールドと地球システム

―The Earth Systemの抄訳と編著者のノートから―

能田　成

大阪公立大学共同出版会

Authorized partial translation (described at the end of each chapters) from the English language edition, entitled EARTH SYSTEM, THE, 3rd Edition, ISBN: 0321597796 by KUMP, LEE R.; KASTING, JAMES F.; ROBERT G., published by Pearson Education, Inc., Copyright ©2010

目　次

序　章

46億年前に生まれた地球は様々な変動をへて今日にいたっています。そして現在の地球にも、同様に多くの変動現象を認めることができます。ところが私たちはそのような変動のなかに、これまでとは異質なものを認識しつつあります。それは人類の活動が原因であると考えられる変動が地球上に起こっているからなのです。ここに今日、地球環境への関心が従来とは比較にならぬほどに高い理由があります。本書はThe Earth Systemの第２章Daisyworldの全訳と、これに関連の深い部分の抄訳、ならびに訳者の講義ノートを文章化したものです。

さて、46億年の地球史で最も激烈な変動は巨大隕石の落下でしょう。白亜紀末（およそ6500万年前）現在のアメリカ大陸東南のユカタン半島付近に直径10㎞もの巨大隕石（こういう巨大な隕石のことを小惑星と言います）が落下し、当時の地球環境を激変させました。落下はたんに周辺に衝撃を与えて津波を発生させただけでなく、大規模な火災による酸素欠乏と、それによって発生した大量のエアロゾルによる地球規模の気温低下、海洋での生態環境の破壊などを引き起こし、白亜紀末には多くの生物が絶滅しました。地球史をつうじてこのような小惑星衝突事件は何回も起こっています。

写真－1

アフリカ南西部、ナミビア共和国の首都、ウィンドフックの中心にあるバザールに展示されている隕鉄。これらはナミブ砂漠で蒐集されたもの。(2002年８月、能田撮影)

白亜紀末の隕石よりもうすこし小さなものは存外しばしば落ちてきます。一番最近では約５万年前、アメリカのアリゾナ州に直径20～30メートルの鉄隕石が落下しました。その時にできた隕石孔は現在も完全な形で残されていて、私たちも見学することができます。この隕石落下によって周辺３～４㎞以内では生物が死滅するほどのものでしたが、地球規模では気候変動などの影響はなかったようです。

さて巨大隕石落下のような現象は地球そのものに原因があるのではなく、外的な要因だといえます。地球そのものに原因がある様々な環境変動、地震や火山噴火などは常に起こってきましたし、現在も起こっています。大きな地震でも影響の範囲が地球全体に及ぶことはほとんどないし、活動の継続時間も限られています。火山の場合は局地的な影響のものから、地球全体に及ぶものまであり、ひとつの火山の歴史としては数十万年に及びます。

もっと大規模で長時間におよぶものとしては大陸の移動があります。これは大陸の分裂、衝突、そしてプレートの位置関係が変わることを意味していて、数百万年から数億年に及びます。影響の範囲はもちろん地球全体で、まさにグローバルな変動といえます。このように地球で起こっている変動は、時間的には秒単位から億年にまで、範囲としては局所から地球全体にまでを含みます。

では冒頭で触れた人類の活動による地球環境の変化とは何でしょうか。それは現代の産業社会の活動によるものでしょうか。それとももっと以前からあったことなのでしょうか。人類はおよそ１万年前に農耕による生活を始めましたが、それはまさに森林破壊の始まりでもあったのです。最古の文明の一つであるメソポタミア文明は3300年前に突然滅んでしまいましたが、その原因のひとつは森林破壊だといわれています。

森林を開拓するとき、伐採の後で火を放ちます。これによって二酸化炭素（CO_2）が放出されます。１万年前の二酸化炭素はおよそ200ppm（％が100分の１を表すように、ppmは100万分の１のこと）でしたが、急速な増加が始まる19世紀の初頭では280ppmですから、およそ１万年間で80ppmの増加です。この増加分は自然の変動なのか、人間活動による自然破壊なのかは定かではありません。たとえ人間に責任があるにせよ、この程度（年率0.008ppm）であるなら許されるでしょう。とはいうものの、世界地図に人間活動によって消失したと思われる森林帯を書き込むなら、その広大さに驚くに違いありません。それ程広大ではなくても、800年前のイースター島の文化の突然の消滅も、森林破壊によるものであったことは記憶に留めるべきです。図は8000年前と現在の森林面積を比較したものです（序章図）。

19世紀前半以降、大気中の二酸化炭素は急激な増加傾向をたどって現在に至っています。19世紀での増加の一部分は北アメリカでの西部開拓によるものだとされています。しかし何といっても産業革命以降の石

8000年前

現在

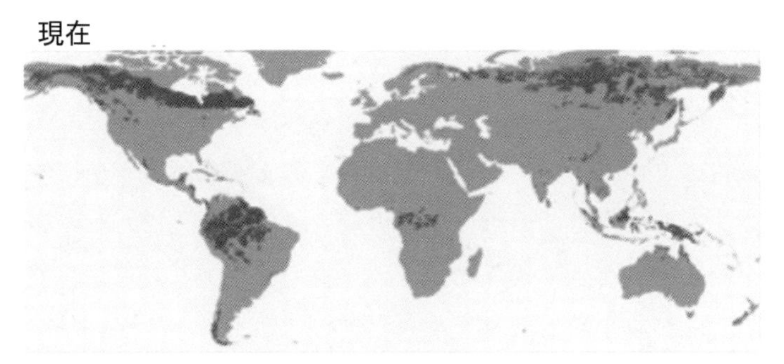

序章図　原生林の減少

8000年前と比較すると現在は８割が減少しているという。
「森林・林業学習館」のホームページ、森林減少の原因から引用した。
元の図はGlobal Forest Watch による。（原図：カラー）

炭、そして20世紀に入ってからは石油の大量消費が原因であることは疑いの余地はありません。そして1980年代後半に、20世紀を通じての全世界的な温暖化傾向の原因が二酸化炭素の増加にあると指摘されるや、地球環境にたいする関心は一挙に地球温暖化・二酸化炭素に集中しました。1958年にハワイのマウナロアで観測が始まったときには315ppmであったが、2015年には日本の複数の観測所で401ppmを記録しました。19世紀以降約200年で120ppm、1958年からの57年間では85ppm増加したことになります。これは決して無視できるような数値ではありません。

二酸化炭素は、人類はもちろんのこと総ての生物が呼吸をするときに放出されるものです。そして緑色植物はこれを取り込んで光合成によって炭水化物を作りだし酸素を放出します。二酸化炭素が水に溶け込めば炭酸になります。ビールや清涼飲料水の栓を抜いたときにでる泡は二酸化炭素です。海水に溶け込んだ二酸化炭素は炭酸や重炭酸となって海水に含まれているカルシウムと結合すると炭酸カルシウムとなり貝の殻、珊瑚や私達の骨を作ります。貝殻や珊瑚が海底に沈殿するとやがて石灰岩となります。つまり二酸化炭素は大気、水、生物体だけでなく岩石中までも循環するのです。

だとすると現在の大気中で増加している二酸化炭素は、46億年の地球史を通じてどのような役割を果たしてきたのでしょうか。特にその温室効果はどのような役割を果たしたのでしょうか。このような観点からすると、現在の大気中の二酸化炭素濃度だけではなく、例えば氷河時代での役割だとか、現在よりも遙かに温暖であったとされる新生代のころはどれ位の濃度で地球環境はどのようなものだったのか、といったことに興味が湧いてきます。それには現在の二酸化炭素濃度だけでなく、数万年前、数千万年前、ときには地球史46億年全体をみわたす時間軸で考察することが大切だと思います。

つまり地震・火山、プレートの運動はもとより、この二酸化炭素（CO_2）の問題においても、現在にだけ焦点を絞るのではなく、必要とあれば数年から数10億年まで融通無碍に時間軸に切り替える柔軟な視点が欲しいのです。

ではいつでも過去への考察が必要かというと、必ずしもそうではありません。オゾンという気体があります。酸素原子が３個結合したもので、常温ではわずかに青みかかった気体です。強い酸化力があり、殺菌や消毒に用いられますが、濃い状態のオゾンは呼吸器を侵します。1970年代に大都市近郊で発生する光化学スモッグが大気汚染公害として、メディアを賑わせたことがありました。この主役は光化学オキシダントと呼ばれているもので、その一つがオゾンなのです。この汚染源は工場や自動車の排気ガスに含まれている窒素酸化物や炭水化物です。ですから光化学スモッグの問題を解決しようとすれば、汚染源である排気ガスをクリーンにすれば良いわけです。そこで70年代以降、エンジンの改良が進められて、排気ガスに含まれる窒素酸化物はかなり減少しました。そして光化学オキシダント、オゾンの発生も大幅に低減しました。この技術的改良については、とくに地球史的視点は必要ではありません。

ところが大気の上空、1〜1.5キロから50キロメートルの範囲は成層圏とよばれるところがあり、ここにオゾン層があります。このオゾン層は生物にとっては有害な紫外線を吸収したり、二酸化炭素よりもはるかに強力な温室効果があり、地球環境にとってはきわめて大切ですし、地球史的視点も重要です。

1980年代以降、南極など高緯度地域でオゾン層の一部が破壊されてポッカリと穴が開く、いわゆるオゾンホールが発見されて一躍注目を集めました。このオゾン層は地球ができたときから存在していたわけではありません。緑色植物による光合成の結果、大気中のCO_2は酸素が分離されて、大気中に蓄積されました。そしていまからおよそ4億年前、その一部が成層圏へと進出してオゾン層ができたのです。ですから、それ以前の大気にはオゾン層がありません。有害紫外線は直接地表にまで届いていたと考えられます。4億年より以前の生物はこの紫外線を避けて、海の中で生息していたのです。となるとオゾン層そのものは、数億年、数十億年にわたる生物界に関係する重要な問題である、ということが分かります。したがってここでは地球史のズームレンズを億年単位の尺度で焦点を合わせることになります。

一方、オゾンホールそのものについては10年単位の焦点距離が必要です。何故なら、オゾン層を破壊する原因物質は20世紀後半から電気冷蔵庫やクーラーなどの冷媒や、プラスチックの成形など多方面で盛んに使用されるようになったフロンにあるからです。フロンとは炭素と水素の他、フッ素・塩素・臭素などのハロゲンを多く含む化合物の総称です。オゾン層が破壊されることは直接、生物の生存に関係します。そして破壊の原因も特定できたのですから、問題解決の方法もあるはずです。フロンの使用を低減し、また代替え品を使用するなど、国際的な協力によって、解決への道筋が見えてきたように思われます。しかし2011年には、それまで知られていなかった北極圏でもオゾンホールが確認されました。南半球に比べて北半球では高緯度地域にまで人は住んでいますから、問題は解決どころか、これからが大切です。そこで季節変化・年変化をも視野に入れたきめ細かい観測や対策が必要となります。

このように必要に応じて時間軸を長くしたり、短くしたりすることが、地球環境を考えるときにはとても大切です。当たり前ですが、時間軸が長ければ雑駁な話、短ければ精密である、などということではありません。

CO_2の問題を考えるときの時間軸が大切だといいました。それと同時に考察する範囲、地域的な広さも大切です。温室効果気体CO_2の挙動は地球温暖化（英語ではglobal warming）と密接に関係しています。ところが地球の平均気温を求めることでさえ、決して簡単ではありません。例えば、陸上の場合では観測地点の周辺の環境が変われば、時間的推移を求めることさえ困難がともなうでしょう。海上の場合は時代と共に測定法に変化がありました。以前は船舶からバケツを投げ込んで、海水を汲みあげて温度測定を行いましたが、船舶から直接測る方法になりました。現在では、全球の海洋表層の水温・塩分プロファイルをリアルタイムに取得して、研究に役立てようとするアルゴ計画が2006年以降進行しています。これは水深2000mから海面までの水温・塩分を観測するアルゴフロートを全世界の海洋に3000本を配置し、その観測データは人工衛星を介してリアルタイムに配信します。この計画によって得られるデータは地球環境の未来予測だけでなく、関連分野に大きな貢献が期待されています。

19世紀後半以降、気温や海水温の実測値を用いることができます。それ以前については、温度測定に替わる様々な方法が工夫されています。そうした方法によって、ある特定地域の１千年前の気温はどうであったか、また地球の平均気温は？といった設問にたいする答えにはかなりな誤差を伴います。そうした不確かさを抱えつつ、私達は過去の変動を追いかけているのです。それは現在の気温をはじめ様々な環境変動を正しく評価するためなのです。

CO_2濃度、気温など様々な環境指数の変動を明らかにして、地球環境史を解明することによって地球環境の将来予測に寄与しようという考え方は、地球表層部の岩石圏の運動法則を提案したプレートテクトニクスの登場と関連していると思われます。そして地球システムという枠組みの中で環境を考えようとする研究スタイルも必然的に登場してきました。気圏、水圏といった地球のサブシステムは生物圏とともに岩石圏とも深く関連しているという認識が、違和感なく受け入れられる状況形成に果たしたプレートテクトニクスは評価されるべきです。プレートテクトニクスが定着する以前から、とくに地球化学の分野では、生物圏の重要性は認識されていました。なかでも炭素元素に関する地球化学的サイクルなどは重要な概念でしたが、プレートテクトニクスによって定性的にも定量的にも確固なものとなりました。

地球環境をシステムという視点から考察したJames Lovelock とLynn Margulisは、1960年代にガイア仮説なるものを提唱しました。これは生物圏が地球環境における役割の重大さを強調するものです。彼らはその説明の一環として、デージーワールドという仮想惑星のストーリーを構想しました。これは地球環境を考えるとき、とても重要な含蓄のあるものです。ただ、相当に難しくもあります。そこで第１章では、Lee R.

Kump, James F. Kasting, Robert G. Crane が “The Earth System”[1]で採用した方法をほぼ全訳の形で紹介します。これによって、地球環境の諸問題を考察する時、デージーワールド的思考が有用であることが理解されることを期待します。

第２章以降もThe Earth Systemの抄訳が中心ですが、2, 4, 5章には訳者による論考もあります。第２章では地球の構造の成り立ちを述べ、プレートテクトニクスの視点から超簡略な地球史を俯瞰します。また気圏・水圏・岩石圏を循環する元素の代表として、炭素の循環が考察の対象となります。次の第３章では地球主に表層を循環するエネルギーに焦点を当て、温室効果の機構を説明します。また大気と海洋での循環が地球環境に果たす役割を超簡単に概説します。

第４章では氷河期の気候変動の話で、最後の第５章は現在の地球温暖化が主な話題です。ここでは2011.3.11以降の問題も取り上げています。

なお、第１章のデージーワールドの説明は解り辛いかもしれません。放物線と直線が交わる図は高校数学を思い出されるかもしれません。これが苦手な方はこの章をとばして、第２章から読み進めても、かまいません。でも必ず最後まで辿り着いてください。そこできっと第１章へ戻ってください。

コラム１　宇宙塵

「雪は天から送られた手紙である。」これは中谷宇吉郎博士の名著「雪」の中の文章です。天からの手紙は雪のほかに隕石があります。この手紙から太陽系の成因についての貴重な情報がもたらされるのですから、野球のボール程度の大きさの隕石でも、とても貴重な研究試料なのです。

隕石に比べればはるかに小さく、１ミリにも満たない宇宙塵からも様々な知見が得られます。宇宙塵は年間に100トンも落ちると言われていますが、１ヘクタール当たりには耳かきに一杯にもなりません。これを集めようとして、如何に大きな風呂敷を広げても無理です。なにか風呂敷の代わりになるものはないかと考えて、氷河の末端にできる氷縞粘土に着目しました。この粘土は氷河が流れるとき、側壁や底の岩石を削り取ってできた細かな粒子が集まってできたものです。広い流域面積をもつ氷河であれば、きっとそのなかに宇宙塵も混じっているに違いない、というわけです。

大学院生の頃、研究室の標本室から数百グラムの氷縞粘土を失敬して、得意の鉱物分離を試みたことがあります。方法はいたって簡単で、ビーカーに適量の粘土を砕いて水を注ぐ。ぐりぐりと混ぜて、上澄みを素早く捨てる。底になにやら黒っぽい粒子が溜まっていました。これを顕微鏡で観察すると、殆どは角閃石やザクロ石など地球の産物でしたが、中に真黒な丸い鉄アレイのようなのが混じっていました。テキストの写真とそっくりだし、山登りの大先輩、西堀博士の「南極越冬記」の記載とも一致していました。ヤアしめた！と祝杯を挙げましたが、当時のレベルではこれだけの試料では意味のある分析結果を求めるのは無理で、「研究テーマ」としては却下でした。現在の分析技術であれば、風呂桶一杯ほどの粘土から宇宙塵を集めれば、信頼できる化学分析は可能でしょう。いや、こんな研究は既に誰かがやっているかもしれません。

第1章
地球システムとデージーワールド

1. システム

ここで述べようとするのは、「システム科学とは何ぞや」と大上段に構えるものではなく、地球を一つのシステムとして理解する上での必要最小限の概念を導入することが目的です。

広辞苑によれば、システムというのは「複数の要素が有機的に関係し合い、全体としてまとまった機能を発揮している要素の集合体。組織、系統。」とあります。具体的にいえば、自動車はエンジン、ブレーキ、ハンドル、その他数多くの部品からできている。それら部品を要素と言い換えれば、すべての要素が「走る」という機能を発揮するために有機的に関係しあっています。そういう働きを相関と云っても良いでしょう。このようなシステムは一つの製品に限らず、自然界や私達の日常社会に見られる現象も一つのシステムと考えることができます。[2, 3, 4, 5]

システムアプローチは自然科学・社会科学のほとんどすべての分野で用いられています。人の生理学はシステムアプローチを考察するためのよい例です。人体は実際の生命の機能を司る多くの系から成り立っています。呼吸系は酸素を摂取し二酸化炭素を排出する系だし、心肺系は血液を循環させ、体内の酸素と二酸化炭素（以後、CO_2とする）を運搬します。消化系は食物を体全体に燃料を供給する過程であるし、神経系は内的外的環境の変化を熟知し、他の系の活動を調節する。内分泌系は成長発育のような前進的過程を統制しています。それらの系は相互に関連していて、人体を健康な状態の維持するために機能しているわけです。

系の本質

系の個々の部分のことを要素といいます。要素には物質の貯蔵庫（質量又は体積で示す)、エネルギーの貯蔵庫（例えば温度で表わす)、系の属性（体温や圧力など)、又、サブシステム（心肺機能、人体での連結したサブシステムの１つ）などです。心肺機能サブシステムの要素には血液細胞、血管や心臓などを含んでいます。

系の状態はその系を特徴づける重要なもので、体温、栄養状態、血圧などは人体の状態を規定します。系の要素は様々に相互作用をします。系の状態が変化すると、その変化は他に伝達されます。多くの系で、この連鎖は系とって重要なものです。例えば人体の内分泌系は周りの環境温度が大きく変化しても、ほぼ一定の内部温度に維持できます。自分のまわりの温度が上昇するとき、自分の温度も上昇することを想像してみます。内分泌系の成分である体の視床下部は、汗の量が増えるように汗腺に指令を出して体を冷やすのです。まわりの温度が低下したなら、汗腺に信号を送って中止させるという仕組みです。

カップリング

人間の生理学の例から明らかなように、人体システムの要素は単独では存在しません。それらは連結していて、１つの要素からその次へと情報の流れを可能にします。それらの環のことをカップリングといいます。カップリングがどのように系の調整を可能にするかを理解するために電気毛布について考えてみます。まずは毛布（この系の要素）の温度を温度調節機に合わせてセットします。この温度は快適な体温になるように調節器を合わせるわけです。

この系の図解（図1-1）によって、系内のさまざまな連結の道筋をたどることができます。系のダイアグラムでは、連結は慣習的に矢印で表されます。この慣習をある１要素が他に影響を与えることを指摘したい時に用います。明示される連結には二つの型がある。電気毛布の例では毛布温度の上昇が体温の上昇の原因であって、こういうタイプを正のカップリングと呼びます（図1-1a）。正のカップリングでは、１要素の変化（増又は減）が連動している要素を同方向の変化へと導く。１要素が増加するとき、正にカップリングした要素は応答して増加します。始めの要素が減少するとき、二番目の要素は減少の応答をする。正の

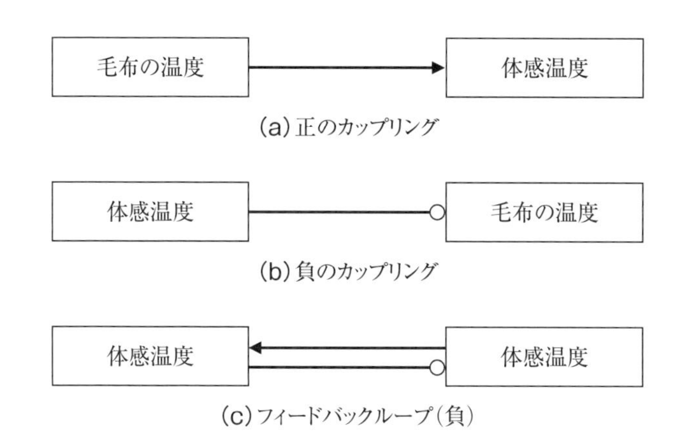

図1-1　システムダイアグラム

(a) 正のカップリング　電気毛布の温度設定によって体温は支配される。
毛布の高温→体の高温という正のカップリング
(b) 負のカップリング：体が寒い（低温）と感じると毛布の温度を高温に設定する。（体の）低温→（毛布の）高温という負のカップリング。
(c) (a)と(b)のカップリングが同時に成り立つフィードバックループ

（原著第２章、Fig.1 (p.34) による。）

カップリングは普通、矢印→で示します。

反対に快適な範囲を越えて体が上昇するときは、調節器をしぼって熱の量を減らそうとさせます。これは体温から毛布の温度への、負のカップリングです（図1-1b）。この場合、1要素の変化は連動する要素を反対方向に変化させます。1要素が増加すると、負に連結した要素は減少の応答をします。そして第1の要素が減少であるなら、第2は増加です。負のカップリングは先に○印のついた矢印　—○で示します。

フィードバックループ

電気毛布について述べた二つのカップリングは、要素の間にフィードバックの輪（ループ）を作り出しています。フィードバックは変化とその変化に応答する自己永続的機構なのです。自分の友人からフィードバックを受ける時、それは自分の行為への彼の反応を受け取っているのです。彼からの応答が1つの行為となり、だから自分もその行為に反応するのです。自分の行動についてはこれを強調するか、抑制するかの方にこれを修正するかもしれません。そしてこの修正は、その後自分が受けるフィードバックの性質に影響するはずです。

エドの雇い主であるデーブについて考えます。エドは仕事のときに過剰に着飾っているとデーブが苦情を言ったとします。エドはそれに対して、より地味な服装で反応するか、あるいは今まで以上にやたらに着飾るかもしれません。（今起こっている）どちらの反応も、さらにその後の反応の原因となっています。デーブの称賛か批判かのどちらかが起こるにちがいない。変化と応答という文脈でいえば、フィードバックループを持つ自然の系も同様な方法のふるまいをします。

電気毛布の例（図1-1c）は負のフィードバックループといえます。負のフィードバックループは混乱の影響を減少する方に作用します。体温の上昇が起こったなら、毛布の調節器を下げようとする刺激を体は受ける。調節器をしぼると毛布はしばらくして熱量を減らし、体温はそれによって下がるのです。

負のフィードバックループとは対照的に、正のフィードバックループは混乱の影響を増幅します。正のフィードバックループを理解するために、元合衆国大統領J. ジミー・カーター氏の実生活でのエピソードによる別の電気毛布の例を考えてみましょう（図1-2b）。ジミーと妻ロザリンは、二つの調節器のついた電気毛布を持っていました。１つは彼用で、もうひとつは妻用です。彼の自伝の中で、カーター大統領は彼らがこうむった苛立ちについて書いています。

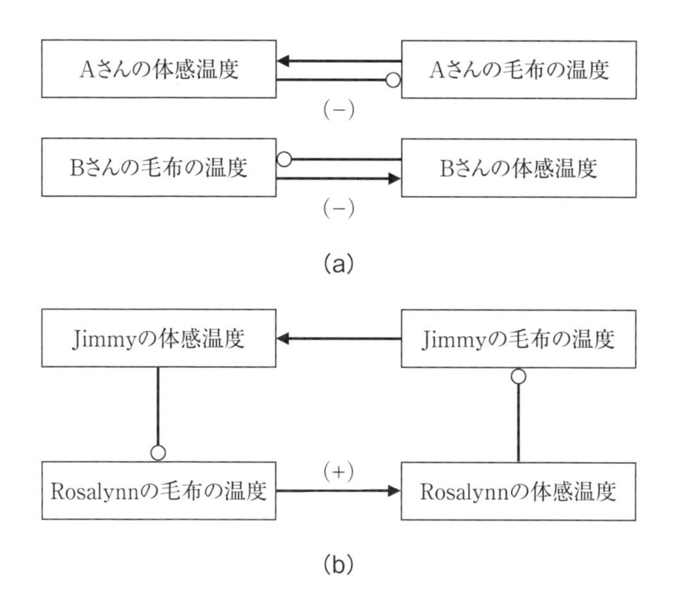

図1-2　２枚の電気毛布のフィードバックループ

(a) 通常の使用、２枚の毛布はそれぞれ負のフィードバックループをなしている。
(b) 温度調節器を誤って接続したために、２枚の電気毛布が正のフィードバックループを作ってしまった。

（原著第２章、Fig.2 (p.35) による。）

寒さが増す冬の夜毎、私たちは電気毛布の温度について言い争った。私がそいつは熱すぎるという度に、ロザリンは反対に寒すぎると言うのでした。
ある朝私はニューヨークへの一泊旅行から戻ったとき、彼女はドアまで出てきて抱き合って微笑んだ。「私たちの結婚はうまく切りぬけたわ。」というのです。「たまたま見つけたのだけど、私たちの調節器はベットの逆さまの側に繋がっていて、お互いに自分と反対側の温度を変えていたわけ。」

もしカーター夫妻がシステム科学者のように考えていたなら、彼らのトラブルの理由はたちどころに解決したかもしれません。毛布の普通の使途のシステムダイアグラムは図1-2aに示しました。自分の手にある調節器で二人は自分たちの毛布の温度設定をしていました。もし寒くなったら、自分で調節器を上げてやがて心地よい温度に戻るのです。

調節器を間違って操作したことで、カーター夫妻は簡単な、しかし実は複雑な調節器を含む四成分フィードバックループを作り上げました(図1-2b)。新しいループは二つの正と二つの負のカップリングから成る正のフィードバックである。ジミーがやや暖かいと感じると、彼は知らずにロザリンの調節器を下げる。彼女は寒いと感じ始めると彼女が自分のだと思っている(が、実際はジミーのもの)コントローラーを上げる。ジミーはもっと熱く感じてロザリンのコントローラーを更に下げる。この手におえない応答は正のフィードバックの特徴でもあるのです。

フィードバックループの信号を認識する簡単な方法は負のカップリングの数をかぞえることです。負のフィードバックループは奇数の負の連動を持っています。:ここに乗法の規則が適用できます。二つの正の数を掛け合わせると結果は正、二つの負の数を掛け合わせるとやはり結果は正です。しかし、正と負を掛けると結果はいつでも負になる。従って、フィードバックループに奇数の負のカップリングがあれば、ループは負です。負のカップリングがない場合、あるいは偶数個のとき、ループは正です。

平衡状態

通常の電気毛布のフィードバックループは体温を快適範囲内に保つように働きます（系の状態を限定することに他ならない）。体温がちょうど良いと毛布の温度調節器に何もしません。この状態を系の平衡状態といいます。系が乱れを受けない限り変化しません。この状態は負のフィードバックループによって形成されているから、この平衡状態は安定しているといえます。この状態からの小さな乱れは系の平衡状態に戻す方向への系の応答があります。カーター夫妻のフィードバックループでは、快適な平衡状態は不安定なのです。快適な状態からのわずかな乱れは、その状態からから更に、更にはずれた状態へと導くように系の調節がなされる。

平衡状態を視覚化するために、丘陵面の形で系の様々な状態を表すことができます。現在の状態はこの地表を自由に動き回れるボールで示します。谷は安定平衡状態を表し、山は不安定平衡状態です。小さな乱れがあると、安定平衡状態にあるボールは山との間を行きつ戻りつして元の状態へと帰っていきます（図1-3a）。谷、あるいは安定の領域はこの周りの山で決まります。大きな乱れ、つまりボールがその谷の外へ転がり出る、つまり近くの山を越えていく—「閾値を超える」という言い方をする—このときは系を別な平衡状態へもっていくことになる（図1-3b)、このように安定平衡状態の安定性には限界があります。

反対に不安定平衡状態は安定領域というものがない。山の頂上の安定点からほんの少しでもずれたボールは山を転がり落ちて谷に着地する（図1-3c)。このボールが元の状態に戻ることはありません。ほんの少しの乱れも系の状態を新しい安定平衡へ導く。ある与えられた系が不安定平衡状態では少しの間も静止してはおられないのです。

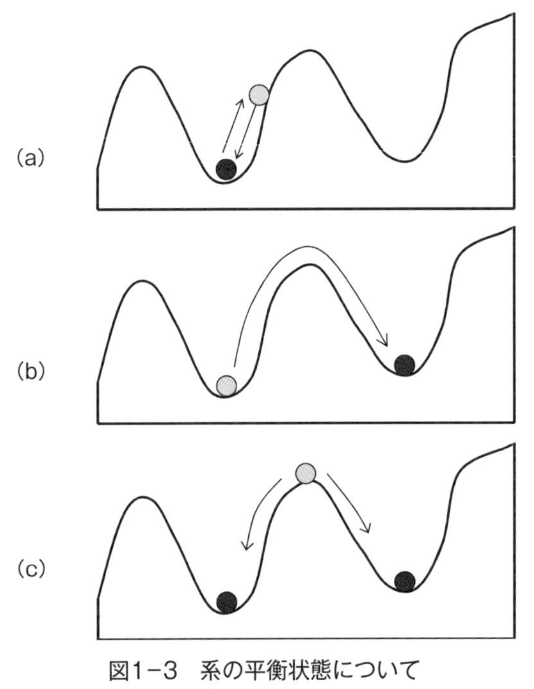

図1−3　系の平衡状態について

(a) 安定平衡状態
(b) しきい値を超えて別の安定平衡状態へ
(c) 不安定平衡状態からどちらかへ移行して
安定平衡状態を得る
(原著第2章、Fig.3 (p.36) による。)

1つのフィードバックループをもつ系は、もしフィードバックループが負であるなら安定平衡状態を持ち、正なら不安定平衡状態をもつと結論します。少なくともここで考察する自然界の系では、この結論は一般的には正しい。しかし、実際には、自然の系では正や負のフィードバックループのサブシステムの組み合わせが一般的です。このような系のフィードバック図を通り一遍の検証では、安定性を論ずることはできません。そこには数学的解析も求められるところです。

摂動と強制

システムが乱れにどう応答するかを観察して多くを学ぶことができます。例えば、人の生理学の理解は、病気や事故に遭遇した患者の研究に依るところおおきい。カーター夫妻は彼らの体温が乱れを受けた際に、電気毛布の問題について学びました。同様に科学者達は地球システムについて、それが乱れに対してどう応答するかを観測することから学んだのです。例えば、地球気候システムは自然的、人工的要因で変化を受けています。1つのそうした摂動、あるいは系の一時的乱れは、火山噴火（例：フィリピンのピナツボ火山の1991年の噴火）のとき、大気中に二酸化硫黄（SO_2）が流出したというような事です。数週間以上にわたって、SO_2は硫酸塩のエアロゾル粒子を作り（丁度、化石燃料の消費で出来る物のように）、これが地球大気中に拡散して、太陽光をごくわずかに阻止しました。その結果、地球気温は全世界的に0.5℃ほど低下しました。気候系はこの摂動から数年後にようやく回復しました。自然的気候変化もある得るから、噴火後の低温傾向のすべての原因を火山活動に求めるのは如何かとも思われますが、過去120年の5つの巨大噴火への平均的気候の応答をみると、噴火後5年間は寒冷傾向にあります。

系のもっと長い持続性のある乱れは強制と呼びます。地球気候への強制の1つは数十億年以上も地球がずっと受けてきた太陽光量の漸進的増加です。気候はこの強制にどう応答したでしょうか。多くの科学者の議論では、太陽光の増大にともなって気温上昇傾向が生じるけれど、CO_2濃度の減少によって温室効果を低下させると帳消しになり、気温は上昇しないと主張しています。

このような強制にたいする地球システムの応答についての解釈こそが本書の大きな目的です。そのためには、いきなりこの複雑な地球システムについて取り組むよりも、もっと単純化した仮想惑星デージーワールドの気候システムの考察から始めようと思います。このたった一種の生物だけをもつ惑星は、ジェームズ E. ラブロック（Lynn Margulisと Gaia仮説を発展させた）と共同研究者ワトソン（海洋学者）らの独創的想像力によるものです。Gaia仮説がはじめて提案されたとき、もし地球システムが自己制御（例えば、地球表層環境の大きな乱れを阻止することができるような）能力があるのであれば、生物相は先見性や計画性などの能力を備えているべきのではないか、といった批判がありました。ラブロックとワトソンは、自然システムの地球規模での自己制御には知的能力など必要としないことをデージーワールドで示したのです。

ガイア仮説

地球での生物相の果たしている役割は想像以上におおきい。二酸化炭素と窒素しかなかった地球大気に20％もの酸素を供給したことを始め、地球史での気候変動にも関与してきました。そこでもう一歩進めて、「地球の大気、水系、土壌、表層地殻にまたがる生命圏（バイオスフェア）全体が、一つの巨大な生物のように気温、海洋塩分濃度、大気ガス組成などを自己調節・維持しているとみなすことができる」、つまり「ガイアとは生物も非生物も含めた総合システムであり、自己制御能力を有する」というガイア仮説が登場しました。これを提唱したジェームズ E. ラブロックは、この地球に宿る生命にギリシャ神話の大地の女神の名にちなんで、「ガイア（GAIA）」と名付けました[6]。そして太陽系で唯一生命体が存在している地球こそガイア・地球生命圏なのだ、と彼らは主張します。

1960年代に発表されて以降、ガイア仮説に対しては様々な批判もあったが、現在では少なくとも「環境と生物の相互作用」を強く認識させたという点は大きな功績だったと思われます。「デージーワールド」は、仮想惑星の生物相が最大の環境要素である気温を効果的に調節できる機構を備えていることを明らかにした点で注目すべきであり、そのことは地球システムの本質的一面でもあるようです。彼らは何故実際の地球ではなく、想像上の仮想惑星での場合を考えたのでしょうか。現実の地球の気候システムをいかに簡単化しても、どうしても実際に起こっている様々なことが私たちの頭をよぎります。そうすると簡略化そのものがどうしても嘘のように思えてしまうのです。それよりか、想像上の惑星デージーワールドの方が、むしろ伝えたいことが明解になるだろうというわけです。

2. デージーワールド

この惑星の仮想惑星の唯一の生物はデージーです。J. Lovelockの「ガイアの時代」[7] では植物相の代表として3種類のデージー（暗色・灰色・明色）がでてきます。そして動物の代表がキツネとウサギ（タヌキではないところがイギリスらしい！）です。これほど単純化した生物界でも、それぞれの関係を定量化するのはとても複雑だし、その結果の意味を一目で理解するのも大変骨がおれます。そこでL. Kumpらの「The Earth System」では、白いデージーだけの世界・デージーワールドを構想しました。そして、そこでは地球史46億年を通じて起こったよりも急速に太陽光度が上昇するという事態が起こっています。そのために温暖化が進行します。これにたいして、この仮想惑星は表面での反射率を上げて、温暖化傾向を防ごうとしています。この一見賢明にみえる反応はこの惑星に先見性があったわけではなく、またそういう対応策が予め織り込まれていたのでもありません。そうではなく、むしろ系の中の相互作用の結果であることが分かるでしょう。このようなフィードバックを通じて自然の系は混乱があってもなんとか安定を保つことができると主張しています。むろんデージーワールドの気候システムは簡略化されすぎてはいます。しかし、これらに似たフィードバックは地球の気候を安定させるために重要な役割を果たしてきたことが理解できると思います。

2.1　デージーワールドの気候システム

デージーワールド気候システム

西暦2200年のことです（訳者注：元々L. KumpらのThe Earth Systemでは2150年を想定していました。しかし、もう目前に迫っている2150年では危機感がありすぎるので、すこし時間的猶予をもたせて2200年にしました）。太陽系のある近くの惑星に生物の存在を確認することができ、そこへ人工衛星を送り込みました。到着に当たって衛星の科学者は、その惑星が実際生物を支えているが、目にすることができるのはデージーの花らしいものだけであることに気がつきました。そこで科学者達はこの惑星をデージーワールドと名づけました。しかし、このデージーは妙なものでした。純白なのです。不思議なことに海がありません。栄養分や水分は土壌から摂取しているようなのです。海がないためか、大気には雲がなく、温室効果気体もありません。

デージーは惑星表面の広大な地域を占めています。残りの表面は灰色の土壌に覆われています。この惑星に吸収される太陽光量は暗部地域の面積に依ることを意味しています。白いデージーは太陽光を反射するので、デージーに覆われた面積が広いほど、吸収される太陽光量は少ない。逆にデージーの面積が小さいほど、露出した土の割合が多いほど、吸収される太陽光量は大きく、惑星の気温は上昇します。科学者たちの観察によると、この惑星表面に広がるデージーの成長と分布域の拡大は、惑星の気温にだけ関係していました。

デージーワールドにかんして科学者たちが観測したもうひとつの重要と思われることは、この惑星の太陽は地球で観測する太陽よりもずっと速くその光度が増していることが観測されたことです。彼らの計算では、この惑星は急速に熱くなってデージーの成長を支えきれなくなるのではないか、と危惧されました。

太陽の光度が増していくという事態

強制に直面して、デージーワールドのデージーは何か対抗策を講じて、すこしでも生存期間を延ばすような方策を編み出せるのでしょうか。

さてデージーワールドの気候システムは二つの要素で示すことができます。１つの要素は白いデージーが覆っている面積で、もうひとつはこの惑星の平均気温（これ以降、気温と省略）です。この二つの要素が１つの系を形成するというのは、それらが相互依存しているからです。デージーに覆われている範囲は表面気温に影響するし、気温はデージィの成長度に影響します。これはまたこの惑星を覆っているデージーに影響します。それらの相互関係についてもっと全体的に調べるとしましょう。

デージー面積の変化にたいする気温の応答

私たちは経験的に晴れた日のアスファルトの道路のような黒色の表面はコンクリートの側歩道のような明るいところよりも暖かいことを知っています。暗色の表面は（つまり反射が少ない）、明るい色をした表面よりも入射太陽光の吸収が大きい。表面の反射率は、表面のアルベドといいます。アルベドは通常、（表面で反射されるエネルギー）／（総入射エネルギー）という小数値で表現されます。暗黒色土壌は低いアルベド（0.05～0.15）、一方新雪は高い値（0.80～0.85）を示します。表1-1には表面物質のいくつかについてのアルベドを示しておきます。（訳者注：原著のFig.6に代えて写真-2 a, b：訳者の海外登山の写真をもちいた。）

デージーワールドについての限られた情報量から、またアルベドについての直感もあって、デージー面積と気温の関係をグラフに書くことができます。言い換えればデージー面積の変化が気温に影響するというこ

(a)

(b)

写真−2

アルベドの具体例。チベット高原タクラマカン砂漠の南には崑崙山脈が位置する。同じ地域でも万年雪と氷河に覆われた山岳地帯のアルベドは1に近い最高値だが、山岳地帯を離れた砂漠地帯でのアルベドはデージワールドの砂地と同様に低い。
(a) 崑崙山脈の高峰、(b) 研究試料採集に向かう隊員。左：能田隊長、右：乙藤洋一郎博士（神戸大学名誉教授)、(1988年京都大学崑崙学術登山隊　伊藤宏範隊員 撮影)

表1−1　地球上の様々な場のアルベド

	アルベド
砂地	0.20-0.30
草地	0.20-0.25
森林	0.05-0.10
水面（太陽は直上）	0.03-0.05
水面（太陽は水平線近く）	0.50-0.80
新雪	0.80-0.85
厚い雲	0.70-0.80

とです。デージーワールドの気温は地表を覆うデージー量で決まることがわかっています。デージーが増えるごとに太陽光は白い花弁に反射され、太陽光の吸収量は減少し、最終的には表面の気温は低下します。グラフは負の勾配を持つ（つまり、左から右に下がっていく)。これは

デージーの被覆量が増えれば気温は低下することを表しているのであって（図1-4a）、このグラフから気温が低下するとき、デージーの被覆量が直線的に上がるとは解釈できません。気温の変化がデージーワールドのデージー面積に及ぼす影響は、デージー面積の変化が気温に及ぼすものと同じではないのです。

このグラフはまた、白いデージー量と気温をつなげるカップリングとしての説明もできます（図1-4b）。このカップリングは負です。デージー量の増加は気温低下の原因であり、デージー量の減少は気温上昇の原因です。このカップリングのサインが負であることと、グラフの勾配の符号が一致していることに注意しましょう。

この考察から惑星のアルベドは、私たちが暗黙のうちにデージーワールド気候システムの1つの要素としてきました。そこで、私たちはアルベドを第3要素として明白に扱うこととします。気温へのデージー量の変化の効果は正と負のカップリングの結合で考えられ、それはデージー量、アルベド、気温のリンクからなっている。白いデージーの被覆が減少すると平均アルベドの減少につながり（正のカップリング）、アルベ

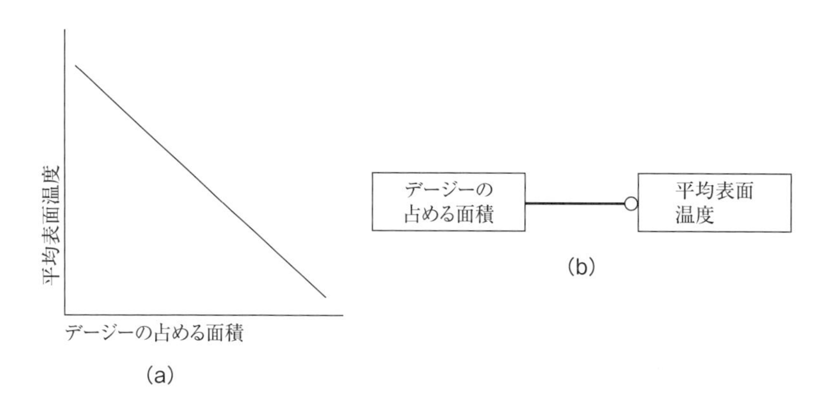

図1-4　デージーワールドの気温と白いデージーが占める面積の変化

（原著第2章、Fig.7（p.39）による。）

ドの低下は気温の上昇（負のカップリング）の原因となります。

結合の結果、二つのカップリングは全体としては負のカップリング（図1－5）です。カップリングでの規則はフィードバックループの印を決めるのと同じものです。だからアルベドをこのような取り扱いをしても、カップリングにかんする私達の結論を変えるものではありません。便利なのでそのようにしたカップリングを暗黙のうちにしばしば用いることがあります。

気温の変化にたいするデージー面積の応答

現実のデージーのことを考えれば、デージーワールドのデージーには生存可能な気温の上限と下限があります。そしてそのどこかの間に最好適温度、最適値があるはずです。この二点を結ぶスムーズな曲線は放物線です（図1－6）。この放物線は地球上の多くの植物の温度依存性についての特徴的な形といえます。直感的に明白ですが、生物の量は生物の最適温度（最適値）で最高になるし、その生物の温度範囲の上限と下限で零に落ちるでしょう。

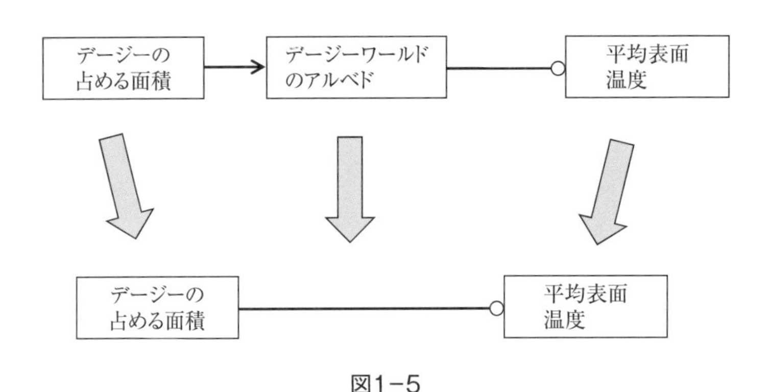

図1－5

アルベドを図1－4にくわえると、本図の上の３要素から成るカップリングになる。誤解の恐れがなければ、省略することが一般的である。（原著第第２章、Fig.8（p.39）による。）

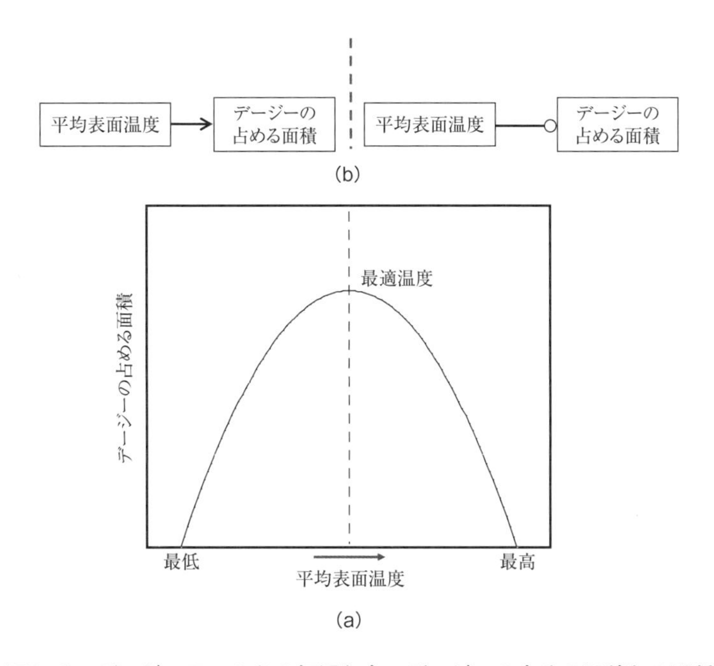

図1−6　デージーワールドの気温と白いデージーの占める面積との関係

a：グラフ、b：システムダイアグラム（原著第２章、Fig.9（p.41）による。）

温度変化に対するデージー面積の応答のカップリングの符号は温度に依存します。両者の関係は図1−6aに示すような放物線だからです。気温がデージーの成長に対して最適値を下回っているなら、カップリングは正です。もし、気温が最適値を上回っているなら、カップリングは負です（図1−6b）。この最適値を閾値と看做すことができます。これは図1−6aの放物線の勾配に一致しています。

デージーワールドでの平衡状態

図−4aと1−6aを結びつけて、デージーワールドでの平衡状態を求めることができます。ただし、温度とデージー面積の軸が逆になっていることに注意する必要があります。そこで図1−4aの軸を入れ替えねばなりません。この転置はカップリングの性質を変えるものではありません。図1-4の軸を入れ替えるだけで、二つのグラフを重ねることができます。

こうして二つのグラフ（二つのカップリングを表している）を重ねることができました（図1-7)。曲線は直線と点 P_1 と P_2 で交わります。このグラフから「気温」と「デージーの面積」というシステムには、正と負のフィードバックループがあることを確認しましょう。最低温度(Ta）と最適値の間では負のフィードバックループであり、最適値と最高温度（Tb）の間では正のフィードバックループです。

曲線と直線が交差する点は特異なものです。何故なら、白いデージーの面積が気温にもつ効果（直線）と、気温が白いデージィ面積にもつ効果（放物線）の両方が、この二つの交点で同時に読みとることができるからです。放物線上のどんな点でも、デージー面積への温度効果は示さ

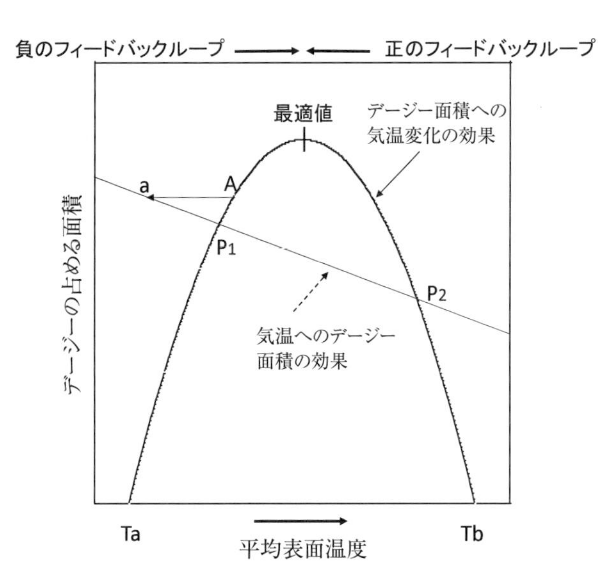

図1-7　白いデージーの占める面積への平均表面温度の影響（放物線）とその逆の効果（直線）の相互の関係

（原著第2章、Fig.10 (p.42) による。）

れています。ところが、デージーの面積は気温に対してどのような効果（結果）をもたらしているかについてはこの放物線からでは読み取れません。

同じことは直線についても云えます。直線上のどの点でも、気温へのデージー面積の効果は正しく表現されている。しかし、温度の変化によってデージー面積がどのように変化するかをこの直線から読み取ることはできません。したがって、点P_1とP_2は特異なもので、気温とデージー面積との間に平衡関係が成り立っているのです。そして同じ平衡でもP_1では、デージー面積や気温に乱れが生じて平衡からずれても、元の平衡状態に戻る能力があるので安定平衡と云います。これは図1-7の気温Taと最適値（Op）の間では負のフィードバックループが成り立っていて、気温またはデージー面積をP_1へ戻そうとする作用が働いていることが判ると思います。例えば放物線上のA点は「デージー面積の気温への効果」を示す直線からみれば、この気温は高すぎるので下げようとするチカラが働いています。そして直線上のa点へ到達し、さらにP_1の安定平衡へと向かうと期待できます。あるいはA点で突然デージーが減少するという事件が起こったとしても、回復してP_1へ向かうことができます。

ところが気温が最適値を超えると、気温とデージー面積は負のカップリングへと転じますが、デージー面積と気温の関係も負のカップリングのままです。したがって、両者の関係は正のフィードバックループです。大きな摂動がおこりP_2よりも高温になると、もういけません。その高温はさらにデージーの減少を呼び、ついには奈落の底へ向かいます。この状況は図1-8のシステム図からも読み取れるでしょう。

2.2　強制：太陽光度の増加にたいするデージーワールドの応答

ここまで調べたのは、デージーワールドの気候システムがその平衡状態からずれる乱れを受け、それに対する応答としてのふるまいでした。

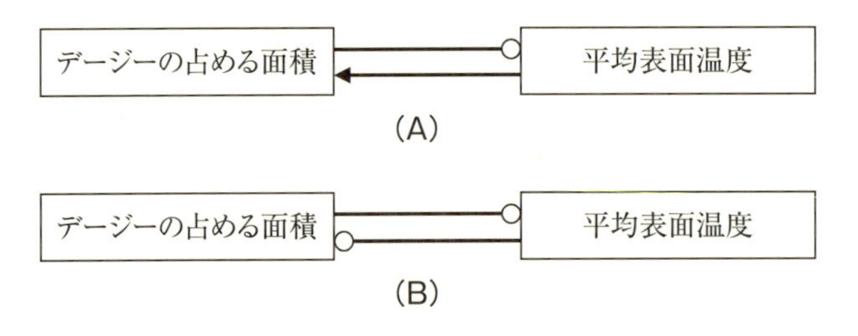

図1-8　デージーワールドにおけるフィードバックループ

(A) 気温がTaから最適値の間では負のフィードバックループが成立している。
(B) 気温が最適値を超えると、正のフィードバックループとなり、P_2点へ向かうが、ここは不安定平衡状態にある。　（原著第2章、Fig.11 (p.42) による。）

巨大隕石の場合と同様に、摂動は持続性のある強制であることが多い。強制に対する系の応答は摂動に対するものと全く異なっています。それはたとえ負のフィードバックループが卓越していても、元の安定平衡状態に戻ることはないからです。

デージーワールドに働く強制は人工衛星から科学者が見つけた太陽光度の増加でした。気候システムはどのように応答しただろうか。科学者が予測するようにデージーワールドでは気温は急上昇したのでしょうか。気温上昇によってデージーはそのまま終末に向かうのか、あるいは気候システムはこの状況に応じて何らかの有効な方法で応答したのでしょうか。

負のフィードバックを持つ系は混乱を弱める能力があることを我々の経験に基づいて知っています。そこでデージワールドでのデージーと系の振る舞いを予測してみます。太陽光度が強くなれば、直ちに惑星表面の気温の上昇が起こるはずです。しかし、この状況にたいして、デージーが拡張するという応答はアルベドの増大となって温暖化を緩和すると考えられます。新しい平衡状態は結局元よりも高い温度で達成されるでしょう。しかしこの温度差は惑星のアルベドが変化したことによるのであって、デージーが気温を下げようと活動したのではありません。こう考えると、太陽光度の永続的上昇という強制はこの惑星の平衡温度を高い方へと漸進的進行をもたらすでしょう。しかしデージーワールドのようなフィードバックをもたない惑星と比較すれば、起こる温暖化はゆっくりとしています。

強制に対するデージーワールドカップリングの応答

デージーワールドの将来の気候をもっと正確に予測するには、デージーワールドの太陽光度の増加が系のカップリングにどう影響するかを理解する必要があります。デージーは温度変化のみ応答し、太陽光度そのものの変化に対応しないのですから、気温変化と白いデージー占有面積とのカップリングの調節を期待できません（図1-6の放物線）。太陽がより強力になると気温は上昇し、デージー被覆率の割合はそれまでと同様に調和のとれた放物線曲線に対応するでしょう。しかしデージーの占める面積に対する気温とのカップリングは有効のはずです（図1-7の直線）。デージー面積がどうであれ、気温は太陽強度が増加するのに応じて上昇する。その気温上昇は出鱈目ではなく、デージー被覆率に対して図1-6から期待されるよりも高いところにある。太陽光度が上がると、図1-7の直線自身が上の方へ移動して図1-9のようなことが起こると考えられるのです。

強制に対する平衡状態の応答

太陽光度の漸進的増加という事態が起こったとき、デージ面積と気温との関係は図1-9のように修正されました。気温とデージー面積との関係は図1-6のままだから、デージーワールドの将来の気候をもっと正確に予測するには、デージーワールドの太陽光度の増加が系のカップリングにどう影響するかを理解する必要があります。デージー図1-9との組

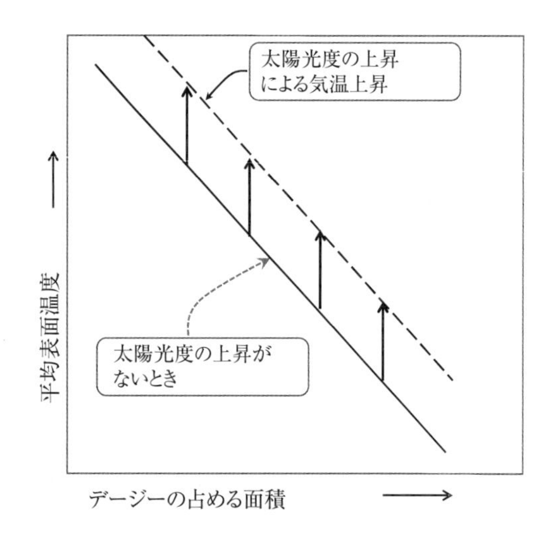

図1−9　太陽輝度の上昇がデージーの占める面積と平均表面温度の関係へ及ぼす影響

（原著第２章、Fig.12（p.43）による。）

み合わせによって、あらたな条件の下でのデージーワールドの応答の状況を見ることができます（図1−10）。

新たな平衡状態P_1'の温度はP_1に比べて明らかに高いし、P_1'とP_2'の間の温度範囲も狭まっています。同時にデージー面積も拡がっています。これが新たな条件下でのデージーワールドの応答です。「太陽光度の増加という原因による気温上昇にたいして、デージーはその面積を拡大し、アルベドを高め、そのことによって気温上昇を阻止することができた」というわけです。もしこのようなフィードバックループが働かなければ、図1−10aの直線はもっと上（右でも同じこと）に移動して、平衡状態の範囲はP_1'とP_2'よりも狭まったに違いないのです。（訳者注：安定平衡状態：P_1と不安定平衡状態：P_2を感覚的に理解するには図1−10bは有効かもしれない。しかし最適温度（最適値）Op以上の気温では正のフィードバックループが作動するため、系の復元力は期待できない。図1−10b

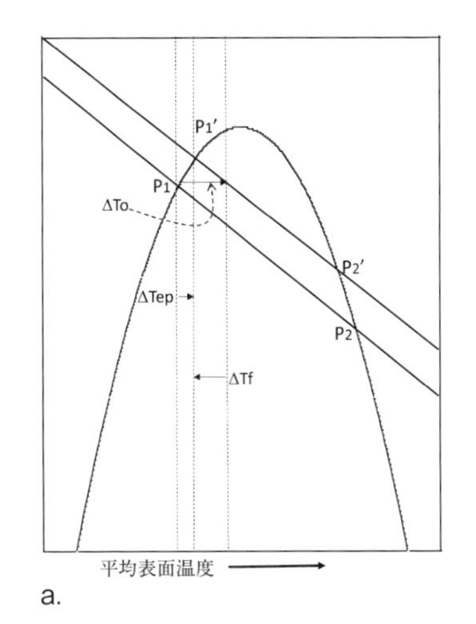

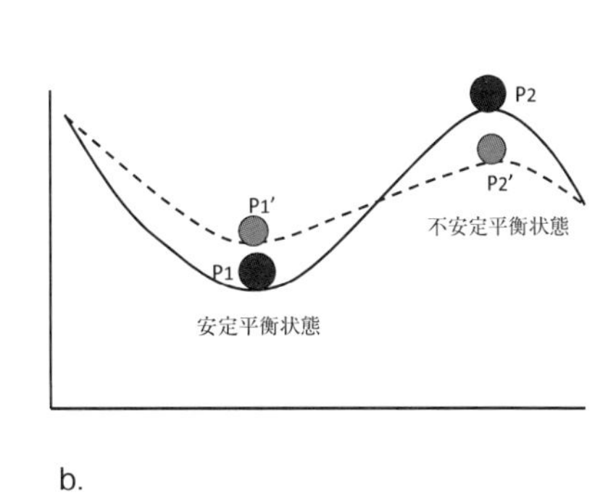

図1−10　太陽光度上昇に対するデージーワールドの応答

a. 太陽光度上昇に対するデージーワールドの応答
b. 太陽光度上昇による安定平衡領域の変化

（原著第２章、Fig.13（p.43）による。）

のP_2（P_2'も）ではタマが左に転がれば、安定平衡点P_1（あるいはP_1'）へ回帰可能であるような印象を与えるが、正しくない。）

この新しい平衡状態では摂動にたいする抵抗力は劣っているから、太陽光度がもっと増せば、安定平衡状態は完全に消えざるを得ません。図1−10で云うなら、デージー面積と気温のカップリングを表す直線が更に上に移動して、P_1'が最適温度を上回るような事態です。そうなるとP_1'も安定平衡状態ではありません。ここには二か所不安定平衡状態が存在するという末期症状です。

さてフィードバックが働く場合とそうでない場合の平衡温度の比較からフィードバックの効果を見積もることができます（図1−10a）。フィードバックがない場合とは、デージー面積になんらの変化がないから、太陽光度の増加に伴う温度変化は大きい。フィードバックを欠いた温度変化は図でΔT_0で示す（ΔTは温度変化を表す）。フィードバックがある場合では、温度変化はゼロではないけれど、より小さい。フィードバックがある場合の新しい平衡状態での温度変化はΔTeqで、またフィードバックの効果をΔTfで示すことにします。

デージーワールドシステムの挙動を数学的には次のように表すことができる：

$$\Delta Teq = \Delta T_0 + \Delta Tf$$

言い換えれば、太陽光度の増加による温度変化のすべてはフィードバックのない時の温度変化とフィードバックによる温度変化の和なのです。ここではΔTeqはΔT_0よりも小さいから、フィードバックの温度効果は負です。ΔTfの矢印は左-負の方向を指しています。こうしてデージーワールドにかんする方程式を導いたのですが、これは一般的な関係であってフィードバックループを含む系でのいかなる安定平衡にも適応できるものです：１つの平衡から次へと移動する時、系の状態の変化はフィードバックがない時の状態変化とフィードバックそのものの効果との和なのです。

ここでフィードバック効果の大きさを定量的に表すために、フィードバック因子、f値、を定義します。このフィードバック因子というのは外力に対してフィードバックを伴わない応答と平衡的応答（フィードバックを伴うもの）の比です。この場合はこの比は次のように書ける：

f =（フィードバックがある時の温度変化）/（フィードバックがない時の温度変化）
$= \Delta Teq / \Delta T_0$

このfは１より小さい。なぜなら平衡的応答はフィードバックを伴わない場合よりもフィードバックがある時のほうが小さいからです。フィードバックループが負の時には必ずf値は０と１の間にあり、フィードバックループが正であれば１より大です。以前に述べたように正のフィードバックループを持つ系は、そこに負のフィードバックループを同時に持つときのみ安定です。フィードバック因子 f はデージーワールドの P_1 のような安定な系のみに定義できるのであって、点 P_2 は安定平衡状態にないので ΔTeq を定義することはできません。

デージーワールドの気候史

これまでデージーワールドを述べるにあたって、温度、デージー被覆率やアルベドについての実際の値を用いることを避けてきました。しかし、グラフ上でしかるべき値を用いて、太陽光度の増加に対するデージーワールドの気候の応答を計算できます。計算の詳細を示すことは時期尚早です。計算は実際のデージーの成長曲線に、白いデージーや灰色の土壌のアルベドに関するしかるべき値（デージー＝0.9、土壌＝0.2)、時間と共に増加している地球と同様な太陽光度などに基づくものであることを示せば十分だと思われます（図1-11)。

図1-11aは白いデージーの占有率の歴史を示しています。また図1-11bはデージーワールドの形成からこの星でのデージーの生息の終わりに至る気候の歴史を示しています。このグラフでは横軸に時間軸のかわりに太陽光度をとっています。その理由は太陽光度が時間とともに増大しているからです。図1-11bの実線はデージーが生えている星での‘実際’の気候を示しています。点線はデージーがなければ気温はどれほど違うか（言い換えれば、生物もおらずフィードバックもない）を示しています。初期には気温は比較的急速に上昇していく。しかし気温がデージーの生息可能最低温度を上回ると白いデージーは惑星表面に拡がり始める。デージーの成長がアルベドを上げさせるために惑星を冷やすので、温暖化の速度は劇的に下がる。デージーは最初の間は急速に広がるが、やがて気温の上昇に反応する形で、ゆっくりと拡大を続けます。それは生命体が存在しない（デージーが存在しない）場合、あるいは

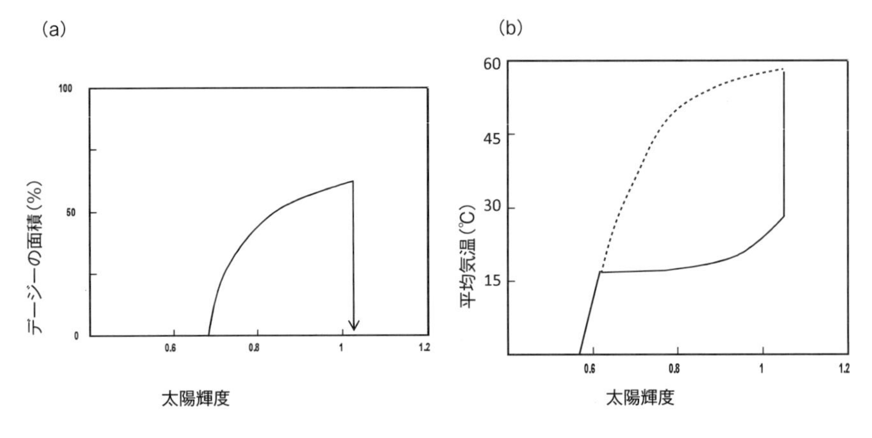

図1−11　太陽輝度上昇に対するデージーワールドの応答

(a) 太陽輝度の変化に応答するデージー面積の変化
(b) 太陽輝度の増大に応答するデージーワールドの気温変化（実線）と、
生命体の存在しない、アルベド一定の惑星での応答（点線）

（原著第２章、Fig.14 (p.44) による。）

フィードバックがなくアルベドが一定の惑星に予想されるものより、はるかに緩慢なものです。

ついにはデージー成長の最適温度に到達すると、デージー面積は最大になります。この温度に到達して、さらに太陽光度が増しても、デージーがさらに増えるということはない。そして惑星の気温は急速に上昇し始めます。フィードバックループは正です。こうなると、この系は不安定で、気温上昇は急激になり、デージーは消滅へとむかいます。その後は生命の存在しない灰色の土の低いアルベドに規制され、気温は図1−11bに示す点線に合流します。これは閾値の挙動についてのすぐれた証明です。デージーの広がりを記録していた観察者はおそらく漸進的に拡散していたデージーが突然死滅するなどと予知しなかっただろうし、当然ながら過去の気温変動史からみて急激な温度上昇も予想だにしなかったに違いありません。

デージーワールドからわかること

システムという視点にたって、仮想惑星デージーワールドについて考察することよって、気候システム一般についてのいくつかの興味あることを学ぶことができました。まず第一に、この惑星の気候システムは内的な、あるいは外的な作用に対して無抵抗ではありません。摂動や強制（この場合は太陽光度）にたいして応答するフィードバックループがあります。デージーワールドではこのフィードバックが系にない場合に考えられるよりもデージーの長い生存期間をもたらすのです。地球の気候システムも負のフィードバックループをもっていて、短期的にも長期にも気候を比較的安定に保っていると考えられます。

次に、デージーワールドの気候の制御システムは自己制御する無人系との類推から、みかけは知的であるかのようです。デージーの応答はまさに太陽による惑星の温暖化に対抗するために必要なことなのです。先見性や計画性は関係していません。デージーはたんに温度上昇に応答したのであり、そして惑星の気温はデージーの拡大（繁茂）に対応するのです。このような挙動はデージーワールドのような仮想システムに限定されるものではありません。事実、自己調節はフィードバックループを持った多くの自然系に普遍的なものです。

Lovelockがデージーワールドを構想したのは、ガイア仮説（彼はそれを地球に適用した）は知性ある生物を必要としないのかという彼に向けられた批判への証明の手段でした。生物は自己調節する自然の系の要素でありうるのは、それが生存する物理的環境に影響を及ぼし、また影響を受けるからなのです。

生物相がそれ自身の利益のためにその環境を最適化する能力（それはガイア仮説が最初に提案されたとき、あたかもそれが要求されていたかのような）などありそうもないのです。デージーワールドの実験が示したことは、生物相は必ずしも環境を最適化することができるのではないということです。デージーワールドのシステムはデージーのために気温を最適化したりはしません。白いデージーの咲くデージーワールドでの安定平衡温度はデージ－の最適温度より下なのです。このことに私たちはもっと注目すべきではないでしょうか。

自己調節は完全ではないことにも注目しましょう。太陽が光度を増すにつれて、デージーワールドの気候システムは気温の上昇に反応を示しました。しかしその上昇は生命体の存在しない惑星（あるいはデージーが一定量だけしか存在しない星）でよりもはるかに緩慢なものでした。デージーワールド気候システムのような場合では強制に適合していく典型なのですが、それは平衡状態をゆっくりと継続的な調節を行うものです。この応答は例えば一定状態（温度）を維持するように設計されたサーモスタットで管理されているような系とは異なっています。自然の自己制御システムには、そのシステムがあらかじめ見つけ出すように設計されたような状態（最適値）というのは存在しないのです。

デージワールドから学ぶことのできた重要な点は、気候システムをはじめ系にはしばしば閾値があるということです。これを超えると系は急激な変化へと導きます。この急激な変動は前触れもなく起こります。系は永続的強制にたいして閾値に到達するまではゆっくりと対応するが、そこで劇的な変化が起こるのです。あるいは、自然の系に一般的なことは、系のでたらめな摂動が閾値を飛び越すような刺激を与え、系を新しい状態「before its time」へ導くことがあるのです。

現実の地球はデージーワールドに似ていなくはありません。地球の気温は太陽光度が実際に増したにもかかわらず、過去30億年以上にもわたって生物有機体の耐性限界内に維持されてきました。デージーワールドと同様に、地球気候の長期にわたる安定性の理由は強い負のフィードバックループの存在です。地球上で作動しているフィードバックループがデージーワールドでのものより複雑なのは驚くべきことではなく当然です。気候学者は地球史のさまざまな局面で気候システムに起こった閾値での振る舞いを見てきました。彼らの関心は、人間活動という強制によって現代の気候システムが気候閾値に近づいているかもしれない、という点にあります。この閾値は比較的冷涼な地球気候ともっと温暖な“温室効果”の効いた状態との分かれ目なのです。

3. 地球システム

地球を一つのシステムとして考えようとするとき、いくつか確認しておくべきことがあります。まず、地球に存在している物質はいろんなところを循環するけれども、地球という圏内に閉じ込められています。この事を地球という「閉じた系」と表現することがあります。そこに「物質やエネルギーの出入りのない」という制約をつければ、より厳密な定義になります。地球の大気圏から宇宙空間へ脱出する軽い元素（水素やヘリウムなど）もあるけれど、通常その量は無視できる程度です。だから炭素程度の重さの元素であれば、地球形成以降46億年の間、地球という閉じた系にあって、様々な形態で様々なところに存在してきたといえます。今現在、私たちの体の一部分である炭素原子は最近まで何処かの牧場にいた牛か、太平洋を泳いでいた魚の一部分であったかもしれない。もっと以前には、どこかの火山噴火によって地球内部から大気に加わったのかもしれない。けれど地球内部とはいえ、マントルの深部とか、もっと深い核などからやってくるのは稀だといえます。

つまり循環とはいっても、まるで出鱈目に縦横無尽に巡っているのではなくて、それぞれの範囲があるわけです。このように地球全体から見ると、一段階下位にある部分をサブシステムといいます。具体的には固体地球では、地殻、マントル、核など、さらに気圏、水圏などです。プレートテクトニクスによって、上部マントルと地殻を岩石圏という一つのサブシステムと見做すのが一般的です。気圏、水圏、そして岩石圏に活動の場を持つ生物は、全体としての活動量が突出して大きいので、生物全体が活動する場、あるいは生物の総量を指して生物圏を設定します。生物の中でも最も活動量が大きく、地球環境にも重大な影響を与えている人間を総称して人間圏という概念も定着してきました。残念なことに、人間圏は地球環境にとっては、とくに人間以外の生物にとっては、望ましい存在とは云えそうもありません。

地球システムではエネルギーの循環も大切です。生物圏にとってのエネルギーの大部分は太陽光に依存しています。いっぽう固体地球では地球内部からもたらされるエネルギーが活動を支える中心的役割を担っています。地震や火山活動をはじめ、プレートの運動エネルギーもそのすべてを地球内部で発生する熱エネルギーと地球ができたから保有しているエネルギーに依っています。

地球ができた時から、現在と同じような地球サブシステムの形態やエネルギーの流れがあったのではなく、46億年の歴史を通じてでき上がったものなのです。

注：この章の1．システム、2．デージーワールドはThe Earth System（第3版）の第3章の全訳である。但し、数ヶ所に編著者による文章があるが、原著の主旨を損ねるものではない。3．地球システムは編著者による。

第2章
地殻と大気はどのように進化したか

固体地球についての私たちの理解は1960年代半ばからプレートテクトニクス理論の発展にともなって大きな飛躍がありました。現在地球表面で起こる地震や火山などの顕著な現象、そして地質学を基礎とする地球史についての私たちの理解は、それまでとは質的にも異なる段階へと進歩しました。そしてプレートテクトニクスによって、固体地球の表層部分と大気・海洋をめぐる物質の循環という新たな視点、認識が生まれました。そこで、この章では物質循環とそれに関係するいくつかの元素、とりわけ炭素の循環に注目します。

私たちの地球をふくむ太陽系に存在している元素は、銀河系の進化にともなって生まれた歴史的産物です。そして地球に存在している総ての元素は私たちと何らかの関わりがあります。そういう元素の中でも現在の地球で気圏・水圏という流体圏と固体である岩石圏にまたがって循環する元素となると、それほど多くはありません。まず水を作っている酸素と水素、そして生物に必須の炭素が考えられます。生物体、アミノ酸であれば窒素やイオウなども欠かせません。それらのうちで固体となって痕跡を残しうるという点から、いくつかの元素を考えてみます。酸素や水素は化学的に活発な元素で、気圏や水圏で活動した活動した結果、岩石に取り込まれることは頻繁に起こっています。そういう酸素や水素を取り出して、過去の環境にかんする情報を得ようとする研究は活発に行われています。

炭素はそれ自身では固体ですが、酸素と結合して気体のCO_2となって、気圏・水圏と岩石圏にまたがって循環することができます。そして水素、酸素が加わって、数えきれないほど多種類の有機化合物をつくります。さらに石灰岩となって数千万年〜数億年もの間、安定に存在することができます。時には炭素は単独で、固体物質を作ることもできる。ダイアモンドは地球上でもっとも安定な物質のひとつです。それに比べればはるかに安価ですが、石炭も炭素の塊です。これは酸素や水素には見られない特徴です。循環を研究するときの炭素のもう一つの利点は、地球のサブシステム：気圏、水圏、生物圏さらに気圏と水圏プラス岩石圏などに応じて様々な滞留時間を持っていることです。このサブシステムでの炭素の循環のことを炭素サイクルといいます。ここで炭素サイクルに焦点をあてるのは、地球システムの総てを包含する重要性からなのです。それはまた気圏、水圏、岩石圏にまたがって存在する生物圏の、驚くべき活動度の高さを強調することでもあります。[8, 9]

1. プレートテクトニクスと地球の構造

1.1 地球の層構造

現在の地球が地殻、マントル、核などの層に分かれていることは、誰もが知っていることでしょう。ここではこの一般的な地球の構造を地球の成立過程から見ていきます。これによって構造とその組成との関係が一体として理解できると期待できるからです。

およそ46億年前、原始太陽の周りにあった微惑星たちは衝突と合体を繰り返していました。衝突によって粉々に飛び散ってしまった場合もありましたが、なかには合体して大きく成長していったものもあったのです。こうした混沌の中からやがて水星、金星、地球、火星など、現在では地球型と呼ばれている惑星が誕生しました。その特徴は惑星表面が岩石からできていることです。そしてそれらよりはるかに離れたところには、木星、土星、天王星など、大きくてガスからできている大惑星が生まれました。地球型惑星の元になったものは微惑星ですが、それは隕石のうちでも炭素質コンドライトと分類されているタイプに代表されると考えられています。そういう組成の微惑星が衝突と合体を繰り返すなかで、やがて現在の惑星にまで成長したのですから、惑星全体の組成はこの炭素質コンドライトの組成に等しいと考えてもよいでしょう。

惑星が成長したときに発生したエネルギーはたいへん大きなもので、できたての惑星たちは熔融状態になったと考えられます。この状態のことをマグマオーシャン：マグマの海と呼んでいます[10]。このとき重い物質は惑星の中心へ沈み、軽いものは表層へ浮かんできた、つまり二層に分離したと想像しています。この重い方は鉄、ニッケルなどが主なもので、それらはやがて地球の核へと成長しました。いっぽう残りの軽い部分はマントルです。軽いとはいえ､その後にできる地殻よりかは重い。マグマオーシャンが存在したときの地球は、火山活動が盛んであったというよりも、惑星の表面全体が火山活動そのものでした。

この時に大量に噴出した水蒸気は初期には蒸発したでしょう。だが、マグマオーシャンの終息にともなって、地表温度は低下したため、水蒸気は上空で水滴となり、雨となって地表に降り注ぎ、初期の海となり、また噴出したマグマは冷えて固まり、初期の地殻となりました。この殻のすぐ下には、高温の熔けたマントルが盛んに対流していたに違いありません。そして、この対流に乗ってできたての地殻も動いていた。いわばプレートテクトニクスの始まりとも云えるでしょう。

プレートテクトニクスが作動し始めると、火山は単発的に、でたらめに噴火するのではなく、マントル対流の上昇部分で規則的に配列して噴火しました。現在の地球での大西洋中央海嶺のような状況を想像すれば良いでしょう。これに対応して、水平移動するプレートが沈み込むところでは、やはり火山列が生まれました。現在の地球で似たところとしては、伊豆・マリアナ島弧のようなところがそれに当ります。このような島弧が合体し、そこに花こう岩がうまれるようになると、小さな大陸が誕生しました。今から少なくとも38億年以上も前のことです。そして太古代と呼ばれる最古の地質時代が、原生代にかわる25億年前ころには、現在の各大陸の中心部分はほぼできあがりました。また地球の内部構造も現在と変わらない状態；中心部に核、その上にマントル、最外殻をなす地殻、という構造です。

地球の中心部、核は主に鉄・ニッケルからできているとされていますが、これは鉄隕石の組成からの類推なのです。現在のマントルは630キロメートルあたりですこし組成が変わっていて、それより浅い部分が上部マントルで、ここでの対流がプレートテクトニクスの原動力でもあります。上部マントルで生まれたマグマが噴火するとき、できる岩石はほぼ例外なく玄武岩です。

地殻は海と陸では岩石に大きな違いがあります。大きな海洋には中央海嶺があり、ここでの火山活動によってできた玄武岩が海洋底地殻となります。海洋地殻はすべて玄武岩でできているのは、このためです。しかし大陸では花こう岩や堆積岩、変成岩などが入り乱れている。大陸地殻全体は花こう岩の密度とほぼ同じ（2.7 g/cc）で、海洋地殻の玄武岩（2.9 g/cc）より軽いという特徴があります。この僅か0.2 g/ccの差がとても重要な働きをします。

1.2　海洋底拡大とプレートテクトニクス

前節でとくに定義を述べずに、プレートテクトニクスという用語を登場させました。プレートというのは既にさまざまなメディアでご承知の通り、地球表面を動く巨大な地殻（プラス上部マントルの一部）です。ユーラシアやアフリカなど、大陸そのものがひとつのプレートだし、西太平洋では太平洋プレートだとか、フィリピン海プレートなどがあります。それらが相互に作用しあって、地球はこれまで多くの地質現象を起こしてきました。[11]

中央海嶺で次々と新しくうまれた海洋地殻は海嶺から遠ざかる方向へ移動していきます。つまり海洋底は拡大するということでもあります。けれどもすべての海洋が拡大したなら、地球は風船のように膨らみ続けねばなりません。しかしそういうことは観測事実にありません。新しく生まれた熱い玄武岩からできている海洋底はやがて冷えて、地球内部へ沈み込んでいきます。これによって膨張すべき部分が吸収され、地球の体積は一定に保たれているのです。その海洋地殻が沈み込んでいるところが東北日本や、伊豆マリアナ島弧の海側にある日本海溝や伊豆・マリアナ海溝のようなところなのです。沈み込んでいく海洋地殻に引きずり込まれて溝（海溝）ができるのです。このような場所を島弧・海溝系と呼び、また‘沈み込み帯’とも云います。ここでは火山活動が起こり、また沈み込む海洋地殻が島弧地殻に圧力を加えるために、地球での最大級の地震が発生するという仕組みでもあります。

移動する海洋底とともに大陸が移動する場合もあります。大西洋中央海嶺をはさむ南北アメリカ大陸とアフリカ・ヨーロッパはその典型的な例です。ここにウェゲナーの大陸移動説は形を変えて、完全に復活したといえます。しかし地球表層の地殻とそれに付随するマントルが水平方向に運動することを発見した新しい地球観は、それだけに留まらなかった。地球という球体（正しくは回転楕円体ですが、ここではそういう面倒なことは忘れても構いません）の表面を、厚みをもった物体が移動するときの運動学がプレートテクトニクスの根幹です。地質構造の解析はもとより、ダイナミックな地球史像を描くことに成功したのです。ここではそれらの総てを紹介するゆとりはありません。沈み込み帯と物質の循環に焦点を絞ります。[12]

1.3　沈み込み帯

島弧・海溝系へ沈み込む海洋プレートは、基本的には玄武岩からできています。それに加えて、海中でできた石灰岩やチャート、それに泥岩などが乗っています。なかには大陸の岩石が風化して海に運ばれてきたものもあるから、堆積物には大陸に由来するものもあります。それに石灰岩の一部であるCO_2は、元来は大気中にあったものです。こうした堆積岩は軽いために、沈み込む玄武岩から取り残されて、しばしば島弧側にくっつくことがあります。これを付加体などと呼んでいます。付加体は、日本では紀伊半島南部、四国南部や九州の宮崎県に分布していて、地質学では四万十帯などと分類しています。ところが付加体として浅所に留まらず、沈み込む玄武岩と一緒にマントルの深部へ潜り込んでいく場合もあります。そうすると高い圧力が加わって、高圧変成岩が生まれることになります。

島弧では頻繁に火山活動が起こっています。この活動の中心であるマグマはマントル起源です。その化学組成を調べると、沈み込む海洋プレート、すなわち玄武岩層、堆積物、などが関係していることが分かります。その結果、上部マントル（ここでは主としてプレート運動に関係のある上部マントルに注目します）は地球史を通じて、その組成が変化していることも判ってきました。その原因は海洋プレートの循環にある：上部マントルで発生したマグマが中央海嶺の火山活動に加わり、新しい海洋プレートとなって海洋底を移動する。海洋プレートはやがて島弧－海溝付近で沈み込んで、再び上部マントルへ戻っていく。この循環を通じて上部マントルの組成は変化してきたのです。

このような循環は地球史の初期の頃、プレートテクトニクスが作動し始めた時から現在に至る40億年以上にわたって継続してきたと考えられます[13]。それがどのような結果をもたらしたかを次に検証します。

2. 地球大気の形成

46億年前に地球ができた時と現在とでは、すべての点で大きく異なっているに違いない、ということに異論を唱える人は少ないでしょう。では、地球の大気はどのように変化したのか。この問題を考える手懸りとして、現在の地球と他の惑星の大気組成を比較することから始めます（表2－1）。

表2－1　地球型惑星の大気組成

	金星	地球	火星	木星
水素（H_2）	−	−	−	90
ヘリウム（He）	−	−	−	4.5
二酸化炭素（CO_2）	96.5	0.04	95.3	−
窒素（N_2）	3.5	76.08	2.7	−
酸素（O_2）	−	20.95	0.13	−
アルゴン（Ar）	−	0.93	1.6	−

単位はパーセント（%）

（表2－1）で、木星は他の惑星とは異質ですが、大惑星の代表として加えました。水素とヘリウムが圧倒的に多いので、太陽系の平均組成を見ているような気分です。地球からは近くて、遠い惑星です。ここで注目するのは、地球の両隣の金星と火星です。ともにCO_2が圧倒的に多いし、窒素（N_2）との比も36.9と35.3でほとんど同じです。ただし、金星では大気圧が90気圧もあるので、間違ってこんな所へ放り出されたら大変なことになります。

いわゆる地球型惑星と呼ばれているこの３つの惑星で、地球には酸素が21％も存在していて、このお蔭で私達、動物は生存が可能です。いっぽうCO_2は窒素にたいする比が0.0005ですから、金星や火星に比べて、いかにも少ない。しかしこれら地球型惑星のでき方は同じだと考えられますから、CO_2の少ないこと、酸素が多いことが地球大気の特徴だと云えるでしょう。この特徴は生物の活動、緑色植物の光合成にあることは間違いありません。

では過去の地球にはどれ位のCO_2が存在していたのでしょうか。これを調べるヒントを探して、現在の地球での炭素（C）の存在場所（リザーバ）を調べましょう（図2-1)。ここでは地球のマントルや核のことは考慮しません。炭素は堆積岩中の有機炭素と石灰岩に卓越して存在し、総てのリザーバの99.9％を占めています。この炭素の総てが初期地球の大気を形成していたCO_2に由来するわけではありません。火山活動

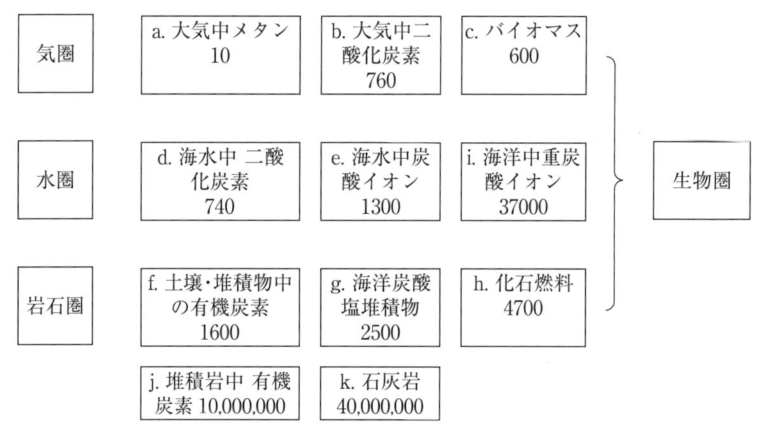

図2−1　地球表層付近の炭素リザーバー

数値の単位はギガトン、炭素量に換算した値
堆積岩中の有機炭素と石灰岩で99.97％を占める。
原著第８章 Fig.3を考察にした。

によってもたらされたものも当然あります。しかし兎も角、リザーバにある総てが原始大気CO_2に起源があると仮定すると、現在の大気のおよそ６万倍という値になります。これは金星大気に匹敵すると考えてもよいでしょう。

このようにCO_2に満ち溢れていた大気から、現在の組成へと劇的な変化を遂げさせたのは、まさに「地球と生物の共進化」[14]であり、地球史に「ガイア仮説」が登場する所以でもあるのです。

2.1　生物の進化と大気組成

生物の誕生

地球に生物がどのようにして現われ、そして進化を遂げたか、という大問題を考えるために地球史の年表（図2-2）を見ます。地球の形成は46億年前、それは太陽系の誕生とほぼ同時の出来事でした。誕生当初の地球では、表層から数百キロが熔けてマグマ状態になるマグマオーシャンの段階がありました。この熔融状態がひとまず終息して、灼熱の状態から次第に表面の温度も低下してきました。その頃の原始大気の組成は第１表の金星大気と似たものであったと考えられます。そしてCO_2は地球表面のカルシウムやマグネシウムと結合して、無機石灰岩などとなっ

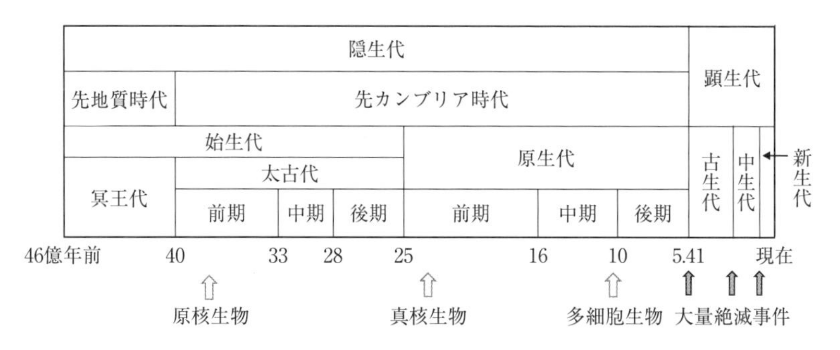

図2-2　地球史簡略年表

[14]を参考にした。

たでしょう。この結果、CO_2は少し減少しました。

このような状況で生物はどのようにして生まれたのか。そもそも生物の体を作っている有機物、アミノ酸は何処でできたのか。それは有害な紫外線を避けることのできた海の中に違いない。そこには無機物を多く溶かし込んだ海水があり、幅広い温度を選択できます。多くの読者は「ミラーの実験」をご存じだと思います。1953年に当時シカゴ大学の大学院生であったスタンリー・ミラーが師のハロルド・ユーリーの仮説「惑星形成は低温で起こり、原始大気組成は還元状態にあり、水素、メタン、アンモニアなどである」に基づいて行ったものです。そういう原始大気を実験室で合成し、ここに紫外線を当て、雷の代わりの電気放電を行ったところ、アミノ酸が無機的に合成されたのです。この実験はその後、多くの研究者によって条件を変えて行われ、有機物の無機的合成が試され、生命起源論に一時代を劃しました。

しかし、80年代にはいって初期地球の研究が進展して、原始大気は還元的であるよりも二酸化炭素、窒素および水蒸気などであると考えられるようになり、このような条件下では生成する有機物はごく僅かであることがわかりました。おりしも、1986年の彗星探査機によるハレーすい星の観測が行われ、彗星核に大量の有機物が存在することが明らかになりました。また隕石に含まれる有機物のデータなどから、生命の起源物質を地球外起源と考える研究者が多くなってきました。このような研究の流れをうけて、21世紀にかけて様々な生命の起源に関する仮説が提唱されました。その先頭をきったのが「粘土の界面上でアミノ酸重合反応が起きる」とする「表面代謝説」で、深海熱水孔付近にみられる黄鉄鉱の表面に有機物の合成が観察されることから、支持者も多いようです。その後、ワールド仮説（DNAワールド、RNAワールド、プロテインワールド）が検討されています。また、21世紀にはいって「パンスペルミア仮説」が脚光を浴びています。これは「地球上の最初の生命は宇宙からやってきた」と主張しています。いずれにせよ、地球における生命の起源に関する研究は後一歩のところまで来ているように感じられます。

さて地球史年表（図2-2）に戻り、40億年あたりに注目しますと、すでに化学進化の段階を卒業して「原核生物」が登場しています。核膜をもたない生物で、藍藻や細菌などの真正細菌や、古細菌に分類されている超好熱菌、好熱好酸菌などが知られています。超好熱菌は海底火山の熱水鉱床付近に生息していることが、生物の発生場所として海底火山付近の環境が候補に上がる所以なのです。

藍藻や超好熱菌の痕跡は堆積岩中に化石として見つけることができます。世界の大陸には太古代の地層が知られていて、最古の岩石はおよそ40億年前です。地球最古のそういう化石や、その時代の様々な痕跡をもとめて、かつてグリーンランドへ調査に行ったことを想いだします。その時に編著者らが採集した最古の礫岩などは生命の星・地球博物館（神奈川県小田原市）に展示されています。

写真-3

グリーンランド西岸、イスア地域には地球最古の岩体が分布している。
（1990年７月、能田撮影）

2.2　光合成のはたらき

最初の生物の痕跡が見つかった38億年前からおよそ10億年後、太古代末になると、同じ原核細胞の仲間のシアノバクテリアが発達してきました。光合成をおこない、酸素を放出します。ストロマトライトはシアノバクテリアのコロニーに砂粒などの粒子が付着してできた構造物で、最古のものはオーストラリアで見つかる27億年前とされています。

当時の大気は還元的なガス成分が多かったために、放出された酸素はたちどころに消費されてしまい、大気中に残ることはありません。しかしやがて状況は変わり、光合成によって大気組成は変わり始めました。大気中に有り余っていたCO_2は少しずつ減り始め、代わりに酸素が大気中に少しずつ漂い始めました。こういう酸素を遊離酸素と呼んでいます。しかし初期の酸素は当時、地殻に大量にあった鉄と結合して、縞状鉄鉱床ができました。このため大気中での酸素の増加は一時的には足ふみしました。この縞状鉄鉱は私たちが利用する鉄資源として重要なものです。

酸素が増えることは良いことだ、と私達は当然のことのように考え勝ちです。ところが当時の多くの嫌気性生物にとってはこれほど迷惑な、危険なものはありませんでした。酸素はその強力な酸化力で彼らを襲ってきたのです。その危険を避けて、彼らは深海などへ逃避しました。しかし、光合成をおこなう生物のなかには知恵者がいて、遺伝子を膜に包んだり、細胞内にミトコンドリアなどの小器官を備えたりしました。これが真核細胞への進化です。この連中は酸素を歓迎し、活動力を備えていきました。なによりも、彼ら自身が光合成の主役でもありました。

この当時の地球大気のシステムを考えてみると、主役はCO_2です。光合成によって、その量は減少しました。このシステムは負のフィードバックループなので、CO_2が減少すれば光合成の活動度も低下しました。しかし、当時の地球大気には大量のCO_2が存在していたから、光合成率の低下は大きくなかったと思われます。それでも温室効果は低下して、気温も低下したに違いない。気温の低下がどの程度であったかはともかく、海洋が氷結してしまうことはなかっただろう。当時の原核生物たちの棲家は海洋でした。彼らの光合成活動には影響を及ぼすことはなかったと思われます。CO_2がある量にまで減少するまでは、光合成とCO_2の量との負のカップリングが一方的に進行したと思われます。だとすれば、CO_2の減少が甚だしく、その結果、地球大気は温室効果を失い、著しい気温低下が起こったかもしれない。生物発生から多細胞生物が出現するまでの間におこったスノーボールアースと呼ばれている事件も、案外大いに起こり得た事だったのかもしれません[15]。

2.3　スノーボールアース

これは生物たちが海の中で光合成に励んでいたおよそ10億年の昔、地球は突然氷に覆われてしまった、という地球史上の奇想天外な大事件です[15]。この詳細を述べようとすると、優に一冊の解説になりますが、ここではごく概略を述べるに留めます。

スノーボールアース（Snowball Earth）を雪玉地球と迷訳されることがあります。みごとな直訳ですが、ここではプレートテクトニクスと同様にカタカナで表記することにします。

40億年前からプレートテクトニクスは作動していましたが、マントルと核の分離・内核の成長がはっきりした太古代・後期になると、大陸の成長も著しくなってきました。そして10〜７億年前にはロディニアという超大陸も出現しました。それ以前にもヌーナ、コロンビア、パノティアなどの超大陸があったとも云われていますが、ロディニアに関しては数多くの報告があり、その存在は確かなものです。

どのようにスノーボールアースの氷河活動は進行したのでしょう。システム図（図2-3）も参考にしてシナリオ追っていきます。一つまたは

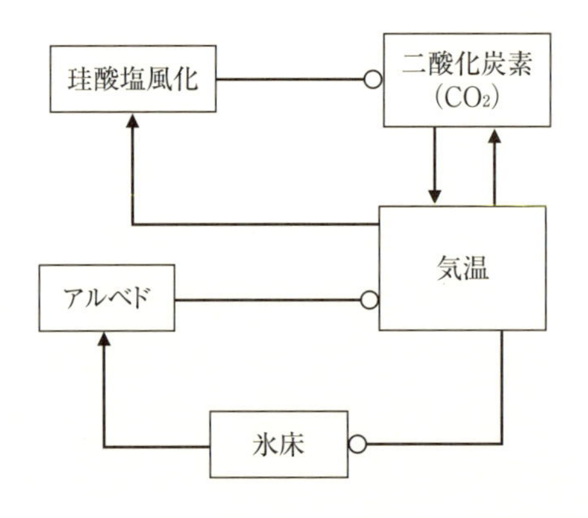

図2-3　スノーボールアース期のシステム図

それ以上の理由（光合成、有機炭素の埋積、珪酸塩風化など）から、大気CO_2濃度が比較的低いレベルに低下しました。ホフマンとその協力者たちは、元々新しく形成した大陸棚に有機炭素の埋積が増大したことを示唆していました。もうひとつ、忘れてはならないのは、そしてかなり重要な条件なのですが、ロディニア大陸域の大部分が熱帯域に位置していたことなのです。これが珪酸塩風化を促進し、CO_2は大気循環から珪酸塩に固定されて、地球大気の温室効果は低下しました。図2-3での上半分の３つの構成要素（珪酸塩風化、二酸化炭素、気温）に関しては負のフィードバックループのように見えますが、低緯度域が充分に低温になるまでは、珪酸塩風化から大気中のCO_2減少を経て気温低下へ直線的に変化したものと云えそうです。尚、ここでいう珪酸塩風化というのは、岩石を作っている主要な珪酸塩鉱物（SiO_2をふくむ）が風化作用を受けるとき、大気中のCO_2を吸収して安定な鉱物ができる作用を指します。これによって大気中のCO_2は確実に減少します。そして、温室効果を失った地球は寒冷化に向かったと云うのです。

このような説明には素直には納得できません。普通は大陸が極近くか、極をまたいだところへと移動しているときの方が氷河期になりそうだと思います。ところが全球凍結の場合は違うのです。大陸が低緯度にあることが必要なのです。このことで珪酸塩風化が効果的に作用して、気温低下を促進したのです。さらなることの顛末は以下の通りです：大気CO_2濃度が下がると極氷床は次第に低緯度へとせり出してきました。それがおよそ緯度30度辺りにまで達すると、天変地異が起りました。まったく突然に、おそらく数千年以内に、全海洋の凍結が赤道域にまで進んだのです。図2-3の下半分の気温、氷床、そしてアルベドが拘わる正のフィードバックループは大変強力です。したがって、この系では氷床は成長を続けて、ついに地球全体を覆うに至ったというわけです。

正のフィードバックループが関係しているから、寒冷化、氷床発達という状況からは容易に脱出できそうにありません。ところがその間、このシステムとは独立に氷に覆われた海洋の中央海嶺では、火山活動は止むことなく続いていました。この火山活動によってもたらされたCO_2は氷床の下にたまっていき、あるとき一気に大気中に溢れでた。このために急速な温暖化を招き、このスノーボールはあっけなく終了しました。

このスノーボールアースがあったのは原生代後期のことで、今から7.3億年から6.35億年前のことです。この後はエディアカラ紀と区分される時代に入り、多細胞生物の出現が知られています。ただこの多細胞生物群はそのままカンブリア紀の大進化に繋がったのではなく、一度絶滅の危機があったとされています。カンブリア紀以降の地球史は顕生代（古生代、中生代、新生代）で、この一番最後になって漸く人類が登場します。この辺りのドラマはすべて省略しますが、一つだけ強調しておきたいことがあります。

それは古生代のシルル紀（4.44～4.16億年前）のことです。それまで地球に登場した生物は総て、海の中で棲んでいました。何故なら、当時の大気には遊離酸素が充分でなく、大気上層の成層圏にオゾンを欠いていたので、生物にとっては有害な紫外線が直接地表へとどいていた。これを避けて、紫外線の届かない海の中に潜んでいました。遊離酸素がある程度増えてくると、上空の成層圏にオゾンができて、有害紫外線を吸収するようになったので、動物も植物も地上に姿を現したのです。こうして陸上も生物の活動の場となり、それまでは岩山や砂漠しかなかった殺風景な光景が緑あふれる大地へと一変したのです。

このスノーボールという事件はおよそ6億年前を最後に、それ以降は起こっていません。氷河期は訪れても、地球全体が氷に覆われるというような、生物全体にとっての大危機には襲われていません。現在は第四紀ウルム第四氷期の後氷期の時代です。これから以後、我が地球は再び氷期へと回帰するのか、あるいは現在の地球温暖化が暴走するのでしょうか。

写真−4はスノーボールアース研究の舞台のひとつ、アフリカ南部・ナミビアの石灰岩です。

写真−4　ナミビアの石灰岩

スノーボール事件直後に大量に堆積した石灰岩の露頭（2002年能田撮影）

3.　元素の地球化学的循環、炭素を例に

3.1　炭素サイクルのシステム

陸上有機炭素サイクル

46億年前に地球ができて以来、大気中にはCO_2は絶えることなく存在してきました。現在も私たちの身近なところに存在しています。例えば、ビールや清涼飲料水にCO_2は欠かせないものです。しかし地球環境という点から見れば、そこに含まれるCO_2の量や履歴には重要な意味があるとは思えません。しかし、火山噴火によって大気中に新たに加わったCO_2（地上に初めて現れた“新鮮なCO_2”とします）がたどる道筋を考えることには意味があります。現在の地球で、このCO_2を作っている炭素原子が陸上でどのように循環するか、を追跡してみましょう。これによって、炭素原子がたどる道筋には、有機炭素サイクルがつねに含まれていることが明らかになります。そして、それらのサイクルには数年から数十年という短い時間スケールから、数百年、数千年さらに数百万年から数億年にわたるものまでがあるのです。

CO_2の一生

火山活動に由来する新登場のCO_2（これは無機炭素であることに注意します）を対流圏内で風まかせにしておくと、南半球と北半球を何回も往来することになります。たまたま、北半球でのある春の日にCO_2分子は植物の光合成機関である木の葉の小穴を通過すると、CO_2分子から酸素原子が切り離され、そこへ水素、窒素や他の炭素原子が加わります。酸素も加わります。そして炭素原子は葉の一部、つまり有機物の一員となります。葉はやがて動物に食われて、その葉の炭素は動物の呼吸作用によってCO_2となって大気に戻るでしょう。これで最短のサイクルは完了したことになる。要した時間はせいぜい数か月、あるいは１年です。

(編者注：これがヒトの手にかかると、もっと短いこともあります。たとえば、平安朝の貴人は「君がため　春の野にいでて　若菜摘む　わが衣手に　雪は降りつつ」と詠みました。せっかく芽をふいた若菜は君のためにあえなく摘まれ、胃袋へ消えました。このためにCO_2サイクルは短命に終わってしまいました。しかしサイクル全体からみれば無視できることなので、君のために認めましょう。そして私達は無粋にも無事に成長した若菜のその後を考えます)。

動物に食われずに生き延びた葉は秋になると、木の枝から地上へ落ちます。他の葉も厚い腐植土の層へと埋もれていく。炭素原子は土壌の一部となり、最長50年もの間そこに留まることになります。(注：ここでも、林間に酒を煖めて紅葉を焼く唐の詩人などが登場すると、サイクルはこの時点で壊れるので、当分の間、ヒトは関与しないことにします)

最終的には、バクテリアや菌類が炭素原子を含む有機物を分解します。この化学反応によって、炭素原子は再び気体のCO_2分子に戻ります。このサイクルはおよそ100年以内と見積もられています。だからこのサイクルを100回も繰り返すと、1万年が経過することになります。これが陸上を循環するCO_2のサイクルです。もちろん、すべてのCO_2が1万年で100回、このサイクルを繰り返すわけではない。1000年以上の寿命をもつ樹木はざらにあるし、数千年におよぶものだってあるからです。

CO_2は、しかしこの陸上でのサイクルに留まり続けるのではありません。しばしばこの炭素原子を含む有機物が分解するまでに土壌は浸食を受け、河川から海へ運ばれます。そこで他の粒子と一緒に海底に溜まり、その上に落ち込んでくる堆積物に埋もれます。高温高圧下で炭素原子はガス状の炭素原子となり、地表へと脱出するか、あるいは堆積岩や変成岩の成分へと変化します。炭素原子はその後、堆積岩層に深く埋もれてこの中に何百万年もの間過ごすことになります。そしてプレート間の相互作用で山脈が形成されるとき、断層運動が深所にあった堆積岩を地表にまで、そしてさらに高所にまで押し上げます。実際に、わが炭素原子は地球内部の埋積地点から地表へと運搬されます。ここで環境の力、つまり生物学的および物理的な力が炭素原子を含む堆積岩に風化過程での分解力となって作用します。この過程で有機炭素は大気の酸素と反応し、再び無機CO_2となります。そして大気中へ気体として放出され、自由に動き回わることができます。大気から植物、土壌、堆積物、堆積岩へ、そして大気へとまた戻る。ここにはじめて炭素の循環過程にプレート運動が関与したことになります。これに要する時間は通常、数百万年以上、最長では数億年に及びます。この長時間の間に現れるおもな炭素循環について検討します。

リザーバ

地球での元素や物質の動きを考えるとき、私達はしばしばリザーバという言い方をします（図2-1)。「地球大気」という場、領域はCO_2という形での炭素のリザーバです。動きのある物質を想定していますから、リザーバはある特定の時間にある空間に存在する物質の量（この場合はCO_2、したがって質量単位で示す）によって表わすことが多い。その場合、注目する炭素原子の質量だけを追跡します。したがって結合している他の元素（ここでは酸素）の種類や量は無視しています。

リザーバはまた、そこを通過する物質が一時的に滞留する場であるともいえます。その場合、物質のリザーバへの流入量と流出量（時間当たりの質量）を考えるとよい。水力発電用のダムで云えば、上流の河川からダム貯水池に流入する水量が流入量、放水口から下流へ流れるのが流出量です。それらはリザーバの絶対的大きさとは、直接な関係はありません。流入量と流出量が等しいときには、そのリザーバは平衡状態にあると言います（図2-4)。

大気CO_2リザーバへの流入は、生物の呼吸や有機物の腐敗など分解過程によるものです。火山ガスに含まれるCO_2は微量であるから通常はカウントされません。流出は緑色植物による光合成です。陸上での有機炭素サイクルでは、CO_2の流出（吸収）に寄与する要素は光合成だけというのは、意外に思えるかもしれません。しかし、それこそが地球システムの大きな特徴なのです。

図2−4　炭素リザーバとしての大気

ここでの数値は二酸化炭素（CO_2）を炭素量（C）に換算したものである。
（原著第８章、Fig.5（p.180）による。）

滞留時間　図2−4から解るように、流入量と流出量が等しく、それらの量に変化がなければ、このリザーバは定常状態にあるといえます。この状態にあるとき、着目する元素の滞留する平均時間を滞留時間（リザーバの大きさを流入または流出量で割った値）と定義します。大気の炭素リザーバの場合、リザーバの大きさは760Gton（C）、流入量（呼吸と分解による）または流出量（光合成量）は両方とも60Gton（C）/yrで定常状態が成り立っていました。そこで滞留時間は760／60＝12.7（年）となります。およそ10年という値は今後の考察で生きてきます。

ところで私たちは、化石燃料の消費はこの過程にかかわる無視できない量であることを知っています。大気CO_2を1958年以降、ハワイ・マウナロア山頂で測定した結果、それが漸進的に増加（キーリング曲線）しています（図2−5）。もはや定常状態にあるとは云えないのは、周知の通りです。

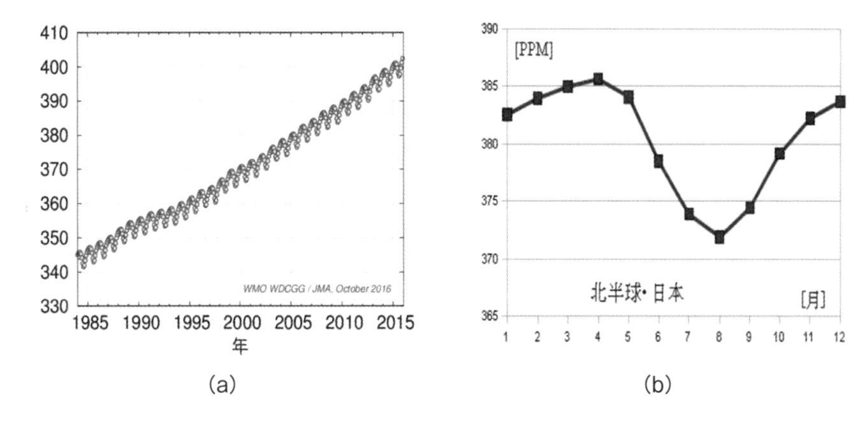

(a)　　　　　　　　　　　　(b)

図2−5　大気中の二酸化炭素量の経年変化

(a) この図は気象庁によって、温室効果ガス世界資料センター（WDCGG）のデータを統計的手法で解析し、それにより求められた地球全体の二酸化炭素濃度（WDCGG解析値）の経年変化（キーリング曲線）を示したものある。
(b) 一年を通じての大気中の二酸化炭素濃度の変化（気象庁による）

いっぽう、短い時間軸・１年間の変動をみると、自然の季節変動が良く見ることができます（図2−5b）。CO_2量が北半球では夏季に落ちるのは光合成（と葉の成長）が呼吸と分解を上廻るからです。晩秋から初春にかけては上昇します。これは呼吸と前年の葉の分解とが光合成を上廻るからです。そして１年に２回、一時的に平衡状態になります。南半球では、これと逆のことが起こっています。

炭素は地表近くの多くのリザーバに存在しています（図2−1）。それらは大気中メタンの炭素量のように小さなものから、堆積岩中に蓄えられている炭素のように膨大なものまで様々です。なかでも石灰岩と堆積岩中の有機炭素が断然多く（５千万ギガトン）、その他はこの２大リザーバに比べれば0.1％にもなりません。それは地球史を通じての緑色植物の光合成の結果であることは既に述べました。次に光合成とそれに関連したメカニズムの検討を通じて、気圏と水圏の有機炭素サイクルの全体像を明らかにします。

3.2　気圏と水圏の炭素

光合成

この地球史的な意味についてはこの章の「地球大気の形成」で述べました。光合成過程の重要な点は無機炭素（大気CO_2）の有機炭素への変換であり、これを一次生産と呼びます。一次生産は地球表面上単位面積当たり、単位時間での光合成による有機物質量です。この量は、他の生物体が利用することのできる（動物が食うことができる）植物量と考えても構いません。

光合成はCO_2と水（H_2O）から有機物を合成し、酸素を放出する反応です。光合成は地球表面のどこででも起こるものではなく、太陽からのエネルギーが必要です。植物、藻類、バクテリアなどは太陽光エネルギーを捕捉できる色素を進化させました。これを化学的エネルギーに換え、その一部を生物体内に貯留します。この化学的エネルギーは光合成をおこなった植物の生命活動に使われるだけでなく、太陽エネルギーを直接利用することのできない他の生物に利用されます。そうした生物のことを動物も含めて消費者（光合成による有機物に依って生きている者たち）と呼びます。

光合成で生み出されるエネルギーの多くは高速で循環する組織（樹木の葉のような）の形成に使われます。植物体を形成している有機炭素の大部分は数十年の滞留時間を持っています。植物の有機炭素は葉だけではなく、あらゆる部分に存在しているため（木の枝や、幹、根）です。言い換えれば、地球一次生産者のバイオマスの大半は樹木の根や幹に含まれています。バイオマスとはある特定のリザーバ中の生物体に含まれる有機物質の総量のことを云います。炭素についていえば、総生物バイオマス —すべての一次生産者（600）と消費者（~5）の和であるバイオマス― は大気の炭素リザーバ（760）よりかは小さいけれど、かなり近い値です（図2-6）。

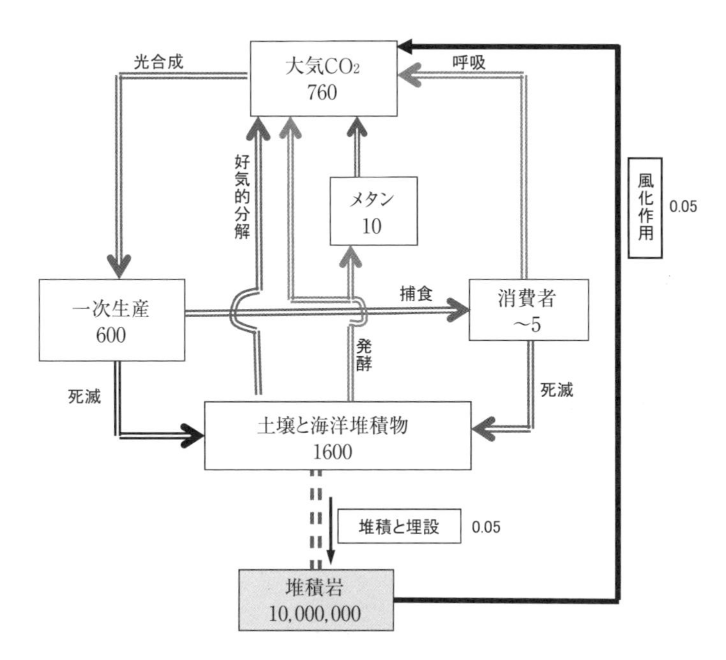

図2-6　有機炭素サイクル

（原著第８章、Fig.12（p.189）による。）

呼吸

消費者バイオマスは生産者バイオマスに比べて小さな割合（わずか1%程度）でしかありません。消費者はその代謝エネルギーを植物体に蓄えられた化学エネルギーによっています。それは植物体を取込み、呼吸によって消費します。呼吸は光合成の逆で、酸素と有機体からCO_2と水を生ずる化学反応です。光合成では、植物は太陽エネルギーを利用して組織を形成します。しかし動物と同様に、植物も呼吸を通じて代謝エネルギーを生み出しています。陸上では、光合成でつくられる有機物の約半分が動物や、植物体自身による呼吸作用に消費されます。残りは土壌の有機物に富んだ上層部に入っていきます。土壌深所の酸素を欠いた環境下では、発酵によって有機物質を分解する嫌気的バクテリアが生存・活躍しています。

陸地表面は風や水の作用で表層土壌を常に失っています。平均すると、およそ5㎝の土壌が1000年で陸地から浸食され、河川から海洋へと運ばれます。

河川は氾濫原やデルタに堆積物を貯留する能力がありますが、結局のところ、堆積物の大半は海洋へと運ばれ、海洋底に堆積します。この堆積物には陸から海への旅を経てきた有機物を含んでいます。したがって、陸上から海洋への有機炭素の移動がおこり、その量は0.05Gton（C）/年です。このようにみてくると、バイオマス自身が海洋底に堆積する有機炭素の生産に関わっていることが分かります。

3.3 海洋での有機サイクル

生産者と消費者　海洋でも陸上とおなじく光合成をおこなう一次生産者がいて、その主流は植物プランクトンです。この仲間は珪藻や藻類で、透光層に棲んでいます。透光層とは海洋水層の最上部であり、光合成に充分な光が届いているところ：海洋の深度およそ100メートルの部分や、海岸近くの浅水域です。

植物光合成プランクトンがCO_2を消費して、O_2を生産するしくみは陸上植物の光合成と同じです。そして植物プランクトンによって海洋表面で生産される有機物の大部分は、動物性プランクトンが消費します。動物性プランクトンは自分のフンやその他の有機物の塊を作り、海洋深部に沈めます。このうち海底に届くのはわずか1％でしかありません。だがそれらは海洋底、ないしは堆積物最上層に棲む好気性・嫌気性分解者に遭遇し、そのため、海洋表面から沈んできた有機物のわずか0.1％のみが海洋堆積物として保存されるのです。こうして海洋有機物の大部分は水中を沈降していくときに、動物や微生物によって分解されます。この分解がCO_2を放出するわけです（酸素呼吸をする動物と微生物の呼吸の両方から）。そして海洋深層水に栄養分を供する。海洋生物にとってこの栄養分が適当な濃度であるなら、高度な一次生産性をもちます。つまり、この栄養物を表面にもどすことが海洋生物の生産性には重要なのです。

生物ポンプと海洋の一次生産

浅海での光合成・有機物質の沈降、深層水中での分解などの全体的結果が、CO_2と栄養分を海表から深層へと運びます。この過程が生物ポンプと云われているものです（図2-7）。これは海洋の熱塩循環（第３章参照）によって成り立っています。栄養分と炭素に富む海水を表面に戻し、生物ポンプで放出された栄養分と炭素を補充します。

海洋の一次生産の最大の場所は熱帯や温帯の海域ではなく、極域の高

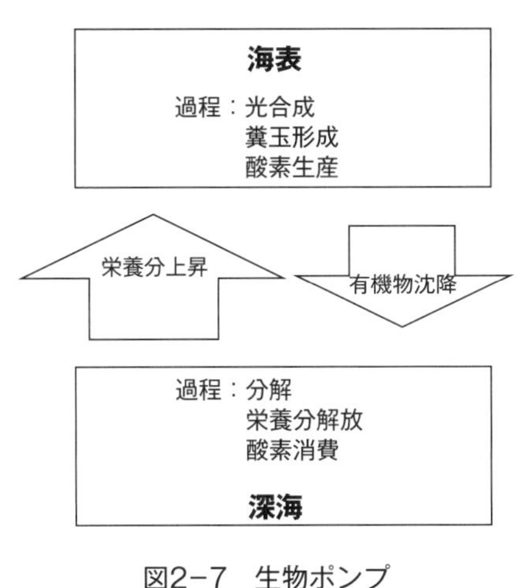

図2-7　生物ポンプ

（原著第８章、Fig.9（p.186）による。）

緯度大西洋・太平洋・南氷洋の冷水域であるということは示唆に富む事実です。これは人工衛星からの観測によって明らかになったことです。海水中の植物プランクトン密度が最も高い生産性を示すところは高緯度大西洋・太平洋・南氷洋の冷水域であったのです。この理由として、低緯度では表層と底層の水の混合が温度差と密度勾配の大きさの故に、妨げられるためとされています。

衛星の情報はまた、大陸西縁にある上昇流域での高い生産性をも示唆しています。そこでは風に起因する表面流が沖合へと流れて、これが栄養分に富む水を中間層から表層へと湧き上がらせるのです。こちらのほうは海洋での循環から考えても、また優良な漁場の分布から見ても、容易に納得できると思います。

したがって、栄養分の供給が表面海洋表面の生産性の主要な制約条件であると云えそうです。上昇流域を除き、表面水のリン酸や硝酸塩濃度は植物プランクトンの強力な補食の結果、本質的にはゼロに向かいます。

有機炭素サイクルの完結

ここまでの過程は100年以下の短時間スケールで大気CO_2の均衡に影響を与えるものでした。もっと長時間軸での過程は地質学的な長時間スケールであって、大気CO_2の調節に重要な役割を果たします。これを図2-6では風化作用として実線で示しました。特徴として、その過程に含まれる炭素のフラックスは小さいけれど、リザーバは巨大であることです。このような地質過程が効果を現すのは長時間スケール（～数億年）に於いてのことです。堆積岩中の有機炭素の滞留時間はおよそ2億年です。この年数はプレートの活動度の結果でもあります。超大陸の分裂などがあれば、風化量が上昇するために、この滞留時間はもっと短縮されます。

海洋底では陸源と海洋性堆積物のフラックスが堆積盆を満たしてい

て、その多くは大陸縁辺部にあります。そこでは堆積物の連続的供給によって、その前に堆積していた物質を埋めていきます。実際この過程が続くと、海底に数キロの厚さに堆積物がたまり、岩石化が起こります。この堆積物にともなって有機炭素は堆積岩中に閉じこめられ、後の造山運動によって地表に現われ、そして風化作用によって、再び生物圏に戻るのです。これで“新鮮なCO_2”が光合成によって緑色植物に取り込まれてから、その後の海洋での堆積過程を経る長い循環が完結したことになります。この間に条件が満たされれば、石炭や石油が形成します。これらが風化作用によって気圏へ戻るまえに、人類は燃焼という酸化過程を利用してエネルギーを得ているわけです。堆積岩の有機炭素（1千万ギガトン）と石灰岩のような炭酸塩岩の合計は地球上の炭素の99.9%を占めています。

3.4　無機的炭素サイクル

CO_2を光合成によって有機物中に還元状炭素を作り、その後の呼吸、分解、風化によるCO_2への酸化が有機炭素サイクルの中心です。しかし、大気CO_2はこれとは別に降雨や海水に容易に溶解し、無機炭素の別のイオン形態へ急速な化学反応をします。これは化学的には反応性に富み、多くの化学的過程に関係しています。ここでは有機炭素を含まないので、無機炭素サイクルと呼ばれています。無機炭素の大切なリザーバは大気であり、また海洋堆積物－石灰岩です。

海洋と大気間での炭素の交換

CO_2は大気と海洋の間を自由に行き来しています。そして大気と海洋の間でCO_2について平衡が成り立っています。実際には、一次生産の高い高緯度海洋域の表層水では、活発な光合成によってCO_2濃度が低くなります。この濃度不均衡を緩和すべく、CO_2が大気から海洋へと拡散しています。赤道海洋域ではその逆の動きを観察することができます。炭素サイクルが人間活動によって乱される以前には、大気と海洋の間での均衡が保たれていました。しかし化石燃料の大量消費による大気CO_2の増加によって、現在の海洋はもっぱらCO_2吸収の役割を果たしています。

水中に溶け込んだCO_2は水と反応して炭酸ができ、炭酸からは水素イオンと重炭酸イオン（これはさらに水素イオンと炭酸イオンにわかれる）ができます。ここに存在する陽イオンと陰イオンの相対量には平衡が成り立っています。

石灰岩の形成

炭酸イオンや重炭酸イオンは海水中に溶存しているカルシウムイオンと結合して炭酸カルシウムができます。これがプランクトンの骨格や貝の殻となっているのです。炭酸カルシウムが海底に堆積し、岩石化すれば石灰岩となります。これがCO_2最大のリザーバである石灰岩の形成過程です。したがって石灰岩の化学組成は炭酸カルシウム（$CaCO_3$）で、一般的には鉱物としては方解石の形をとります。なお、古期炭酸塩岩にはマグネシウムを含んだドロマイト$CaMg(CO_3)_2$が多いことも記憶に留めましょう。

海洋プレートの運動によって沈み込み帯へやってきた石灰岩は付加体の一部として、大陸縁辺部の地質を形成します。これが風化・分解の過程に入ると、形成のときとは逆の化学変化：炭酸カルシウムと炭酸が反応して、Caイオンと重炭酸イオン（HCO^{3-}）への解離、が起こります。生じたイオンは海水中で再び炭酸カルシウムの形成に消費されます。

この無機的炭素サイクルの最後の過程が100％作用したなら、石灰岩として固定されたCO_2はどうなるか。付加体の風化・分解の過程の度にすべてCaイオンと重炭酸イオンに分解してしまうなら、地球上に大量の石灰岩が存在できないはずです。しかし、実際には重炭酸イオンの存在度には上限があるので、石灰岩の分解にも限度があります。したがって石灰岩は巨大なCO_2リザーバとしての役割をはたしているし、大気CO_2の安定に寄与しています。

3.5　炭酸塩ー珪酸塩地球化学サイクル

ケイ酸塩のうちカルシウムイオンとシリカ（SiO_2）が結合したものは、火山岩などの岩石を構成している主要な鉱物であって、やはり炭酸による風化作用を受けて、シリカ、カルシウムイオン、重炭酸に分解します。この特徴は炭酸塩を分解するより２倍の炭酸を消費する点です。この反応で炭酸となって吸収・消費されたCO_2は、大気と海洋での循環に戻ってくることはありません。直接CO_2とケイ酸塩との反応は通常の温度下では速度が遅いけれど、地質学的時間スケールでは効果的です。これが炭酸塩―珪酸塩地球化学サイクルと云われるものです。

プレート収束域（深海溝）では沈み込むスラブ上の堆積物の一部はプレートと一緒に沈んでいきます。このプレートとその堆積物はマントルの数百キロもの深さまで運ばれ、高温高圧下での化学反応が促進され、堆積物を変成岩に転移させます。その反応で堆積起源の炭酸塩鉱物とSiO_2に富む堆積物が反応して珪酸塩鉱物を作り、CO_2を放出します。これは海水中では起こり得ません。気圏、水圏を通過し、岩石圏のマントルにまで達すると、CO_2の形で出発した炭素は有機物を形成したり、炭酸カルシウムとなったりと、様々な形態を経て、CO_2へと戻るのです。そして火山活動にともなって、ふたたび大気圏へ帰ってくると考えられます。もしこの循環がたいへん効率よく働くと、大気でのCO_2濃度は一向に低下することなく、金星のような状況が続いたと考えられます。逆に、岩石圏によるCO_2のトラップが完璧な場合には、大気中のCO_2濃度は限りなくゼロに近づいて、温室効果もなくなり、地球はやがて氷の球になったことと思われます。

地球で光合成のメカニズムが機能し始めたのはおよそ35億年以上も前のことです。それ以降、CO_2濃度は低下して、大気には酸素が出現しました。そしてやがてこれを利用する生物が現れるようになりました。この生物界の大革命の寸前に、地球は全体が氷で覆われるという危機的状況（スノーボールアース）に見舞われたことがありました。その後、石炭紀の終わり頃にも氷河活動の活発な時代がありました。我々人類が活発に活動している現在は第四紀氷河時代の温暖期です。気候の支配要素であるCO_2濃度と地球表層環境のシステム図（図2−8）を考察して、この章の締めくくりとします。

通常のプレート運動では、火山活動によるCO_2の発生量は大気の組成にはさほど大きな影響はない、と考えられます。反対に多くの気候要素が化学的風化には影響します。長期にわたる（100万年規模）大気CO_2の規則性は気候と珪酸塩風化の度合いとの間のフィードバックの結果であると考えられます。珪酸塩岩の化学的風化率を規制する気候要素とし

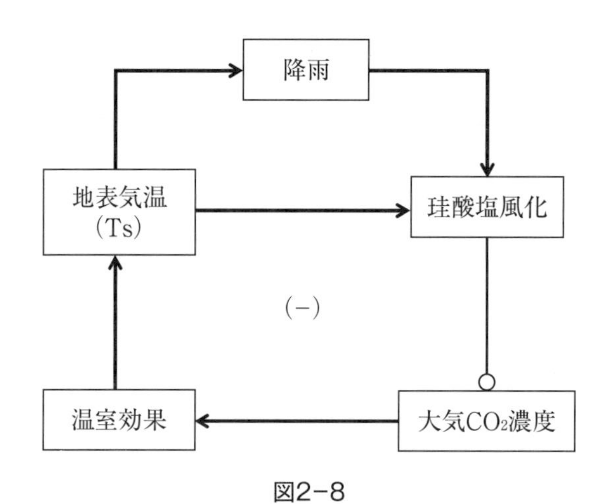

図2−8

珪酸塩鉱物風化の役割：珪酸塩鉱物の化学的風化の気候依存性と大気CO_2への影響は負のフィードバックループを形成している。（原著第８章、Fig.18（p.197）による。）

ては、気温と総雨量が重要です。

気温の上昇とともに、化学的風化にかかわる反応度も上昇する。したがって、風化には総雨量が関係します。また水は鉱物の分解と分解した鉱物を海に運ぶ媒体でもあるので、風化率は降雨量とともに上がると考えられます。

これらの環境要因は大気CO_2レベルに敏感です。CO_2の大気濃度が上がると温室効果の結果、地球規模で気温は上昇し、また気温上昇にともなって蒸発量もあがる。こういうわけで温暖域は湿潤な世界であると考えます。気温上昇に伴い、総雨量は増えるにちがいない。その結果、大気CO_2濃度の上昇にともなって、珪酸塩風化率は上がるというのが結論です。図ではその過程についてのフィードバックループを示しました。フィードバックループの別の側面では珪酸塩風化率が上昇すると炭酸を消費して、大気CO_2を減少させますから、全体のフィードバックループは負となります。ですから、いくつかの変動要因にたいして地球の気候を安定化させる方向に作用します。

注：第２章　1. プレートテクトニクスと地球の構造、2. 地球大気の形成は編著者による。3. 元素の地球化学的循環、炭素を例には原著第８章元素の循環（pp.177-208）の編著者による抄訳である。

コラム2　グリーンランドの甘えび

熱帯の海よりも高緯度の海域の方が一次生産量は高い。プランクトンの量が豊かで、魚類などの海洋資源も豊富であることは、第2章でも述べました。「温暖な海の方が寒い海よりも豊かである」と私たちは何となく思い込んでいたのではないでしょうか。環境を論ずる人の中にも、そういう誤解に囚われている人がいますが、これは相当困った事です。

1990年の夏、グリーンランド西岸イスア地域に滞在したことがあります。この地域の地球で最も古い岩石を採集することが目的でした。

この島の首都Nuukの街を散歩していた時、マルにはの字マークの建物がありました。どう見ても日本の漁業会社に違いない。するとその近くの船から私たちによく似た人が降りてきました。どちらからともなく声をかけ合うと、双方とも日本語でした。海が凍結しない6月から11月までの間、ここで漁業の指導をしているとのこと、漁獲の主なもののひとつは甘えびで、ヨーロッパ各国や日本へ出荷されるとの事でした。そんなことを伺って別れましたが、夕方、ホテルにどっさり甘えびが醤油の小瓶と共に届けられました。私達はホテルの夕食もそっちのけで、祝宴を始めました。冷凍のエビは室温で解凍するのを待つのがおいしく戴くコツ。焦ると口の中でシャリシャリして、旨味が半減します。つまり、ゆっくり食べて、飲む。これは二日酔いの防止にも有効です。

私達は翌日、調査地でのテント生活のために持参した日本食をお返しに贈りました。彼らは今も船に乗っているのだろうか。たしか東北地方の出身と伺ったが、3.11で被害に遭われなかっただろうか。それ以来、甘えびを食べると、きっとグリーンランドを思い出し、あの逞しい漁師を思い出し、そして透明度の高い、深く碧い北の海を思い出します。

第3章
地球のエネルギーと循環

地球で生物が存在できるのは適度な気温のためです。生物にとって最も大切なことは液体としての水の存在であり、地球は太陽系の中で唯一表面に水が存在している惑星です。金星は地球から見て太陽に近い隣にありますが、その平均表面温度が460℃あり、これは鉛を融かす温度です。火星は太陽から遠い側の惑星で、平均気温は－55℃ですから地球の南極での最低に近い温度です。それにたいして地球の平均気温が15℃ということは、地球は生存可能なだけでなく、かなり住み心地のよい所といえます。金星は何故熱すぎ、また火星は冷たすぎ、そして地球は適度なのでしょう。

元々、地球には現在の金星に匹敵するほどのCO_2が存在していたが、生物の光合成によって今日のレベルまで低下したのです（第２章参照）。あたかも生物が自身にとって快適な環境を自らの活動によって創り上げたかのような錯覚に陥りそうです。ここでは先ず大気の温室効果について述べます。次に、およそ15℃という平均気温が保たれている地球で、大気は様々に運動します。この大気の動きを受けて海洋も循環します。それらについてのいくつかの事象について述べ、地球システムを理解するための一助とします。

1. 太陽光エネルギー

太陽の放射によって、地球は熱エネルギーを受け取っています。太陽光はおよそ50％が可視光ですが、それ以外の波長も識別されます。短波長側では紫外線、ガンマー線、X線などの放射線があり、波長の長い方では赤外線、マイクロ波、ラジオ波などの電磁波です（図3-1）。

太陽エネルギーの約10％は可視光より短波長の紫外域の放射です。紫外域の波長は400nmから10nmの範囲にあり、もっと短波長域にはX線やガンマー線があります。太陽の紫外線放射が地球システムに重要な影響をもつのは、大気に化学反応を起こさせるからです。そして、紫外線は地球大気の酸素やオゾンですっかり防御してしまわない限り、ほとんどの生物体にとっては致命的に有害です。それは紫外線という強いエネルギーをもつ電磁波が生物体のDNAの配列を乱すことで、がん細胞を発生させるためです（第2章を参照）。

太陽が放射する電磁波のうち、放射エネルギーが最大の波長は500nm（ナノメートル：10^{-9}メートル）です。この太陽光によって15℃に熱せられた地球は赤外線放射しますが、その放射エネルギー最大波長は10000nm（=10μm, マイクロメートル）です。ここで用いた地球の表面

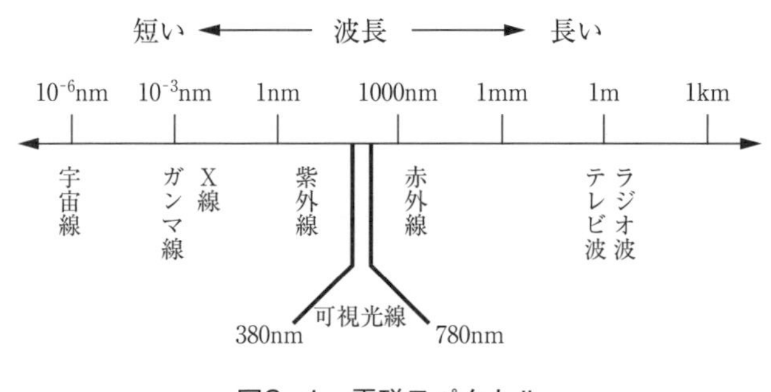

図3-1 電磁スペクトル

（原著第3章、Fig.3（p.52）と同じ内容）

温度としての平均気温15℃は実測された値です。いっぽう惑星のエネルギーバランスから、理論的に求められる表面温度は－18℃で、33℃もの差があります。この温度差が温室効果によるものとされています。ちなみに金星の表面温度は460℃で、温室効果は237℃もあるけれど、火星の表面温度は－55℃で温室効果はほとんどありません。金星での大きな温室効果はCO_2によるものと考えられます。

CO_2による温室効果

温室効果気体とは赤外放射を吸収し、放出する能力を有することを指します。そういう気体分子（３つ以上の原子でできている）は二つの違った方法で赤外域の放射を吸収、放出できます。ひとつは分子の回転率を変えることです。量子力学の理論は電子顕微鏡的世界の物質、つまり分子またはそれくらいの大きさの物質の振る舞いを説明しています。この理論によれば分子はある振動数に対して回転することができます。それはまるで扇風機が一定の速度で作動するように。回転数は分子の秒当たりの回転です。個々の分子に入射する電磁波の光子を考えてみます(図3－2)。入射波が丁度ぴったりの振動数を有しているなら、分子は光

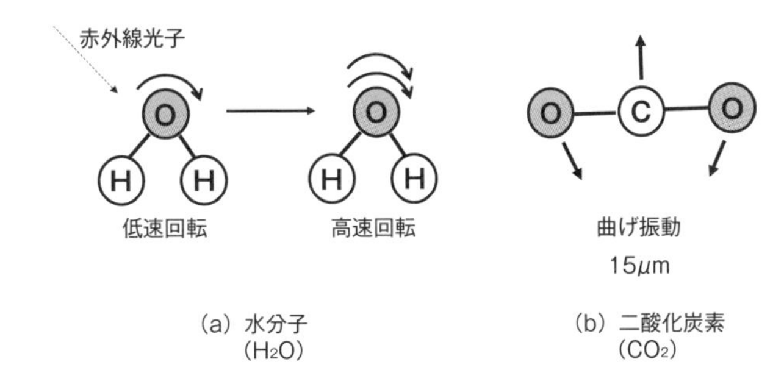

図3−2　多原子分子の赤外エネルギー吸収

(a) 水分子の回転運動、(b) 二酸化炭素分子の曲げ振動
(b) 図3-3　気温と飽和水蒸気圧との関係
(原著第３章、Fig.14, 15 (p.64) による。)

子を吸収することができます。この過程で分子の回転は増すのです。逆に光子を放出すると回転数は落ちます。

水分子の場合、特に13μmより長波長に対しては、CO_2と共に完全に吸収します。10μm付近には、水もCO_2も吸収できない‘窓’とよばれる領域があるけれど、9.6μmでのオゾン（O_3）の働きが重要です。水分子は8μmよりも短い領域でも吸収力を発揮していますが、随所に欠損域がみられます。これをCO_2が補う役割を果たしている場合があります。特に15μm付近での働きは大きいようです。CO_2の赤外線吸収は分子の回転によるのではなく、図に示した曲げ（振動）によるものです。

水（水蒸気）、CO_2のほかに、地球大気に含まれる温室効果気体にはメタン（CH_4）、亜酸化窒素（N_2O）、オゾン、フロンなどがあります。それらは量的には少ないけれど、1分子が発揮する温室効果、エネルギー吸収力が水蒸気やCO_2よりはるかに大きいために注目すべきです。メタンは沼沢地、水田などで発生する以外に、牛のげっぷに含まれる量が無視できません。フロンはオゾンホールの原因物質であるため温室効果を持つが、オゾンを破壊するという両面があります。

近年増加が問題になっている大気中のCO_2は0.04％ですが、水蒸気は最大4％もあります。しかし、水蒸気の温室効果はほとんど問題になりません。その理由としては、1）大気中での水蒸気量はほとんど一定である。そして大気中での滞留時間はゼロに近いが、CO_2は13年である。2）大気中での気温と飽和水蒸気圧の関係から（図3-3）、両者は正の相関がある。高温では水蒸気量は上昇して、さらに高温になる。低温では水蒸気圧も低下するために、温室効果も下がる。したがって正のフィードバックループである。にも拘わらず、地球全体から見れば、水蒸気量は常に平均気温15℃の飽和水蒸気圧以下であり、その結果、一定の温室効果を発揮していると思われます。

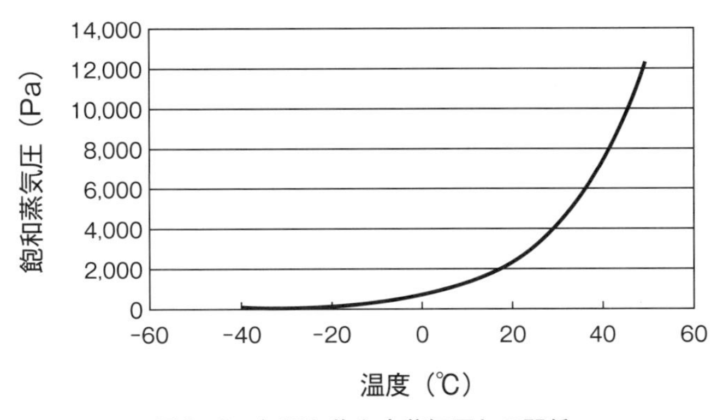

図3−3　気温と飽和水蒸気圧との関係

（原著第4章、Fig.25（p.95）と同様。）

2. 大気の循環

地球表面が太陽光のエネルギーによって温められて平均15℃となり、これが熱源となって大気は温められます。地表温度は場所によって差があり、したがって大気温度（気温）にも差が生まれます。そして暖められた空気は上昇を始めます。また気温差は気圧差となって、高圧部から低圧部へ向かって風が吹くのです。これが地球大気の様々な運動の引き金とも云うべきものです。

では海洋ではどうか。太陽熱によって海水暖められるところは、海面、つまり流体の塊の上面です。ここが大気とは根本的な違いです。これは容器に水を入れて、水の表面を熱しているのと同じことで、なかなか水の温度は上がりません。海でも海面に近いところでは時間が経てば暖まるけれど底へ行くほど、海水温は下っていきます。したがって対流が起りにくい。そのために海水の循環は大気に比べれば、はるかに緩慢です。でも私たちは海流という大きな流れの存在を知っています。海は何故運動しているのでしょう。じつは海に流れを生み出していることに関しては、大気の流れがとても重要な役割を果たしているのです。

さて私達の関心がある気象現象の多くは、大気が地表に接している部分：対流圏で起こっています。対流圏は地表から高度１万メートル（高緯度地域）〜1万5千メートル（赤道直下の熱帯地域）までの間のことです。高度に5千メートルもの差があるといことは、如何に緯度による地域差が大きいか、ということを物語っています。

まず赤道付近で上昇を始めた空気塊を追跡してみます。上昇によって、断熱膨張することで気温は下がります。そして含まれる水蒸気も凝結して雲となり、空気塊の温度はさらに低下します。1万5千メートル付近で上昇は止まり、北か南へ移動し始めます。北半球では北緯30度付近で下降気流となり、地表付近を南へと流れます。このような流れをハドレー循環といいます（図3-4)。

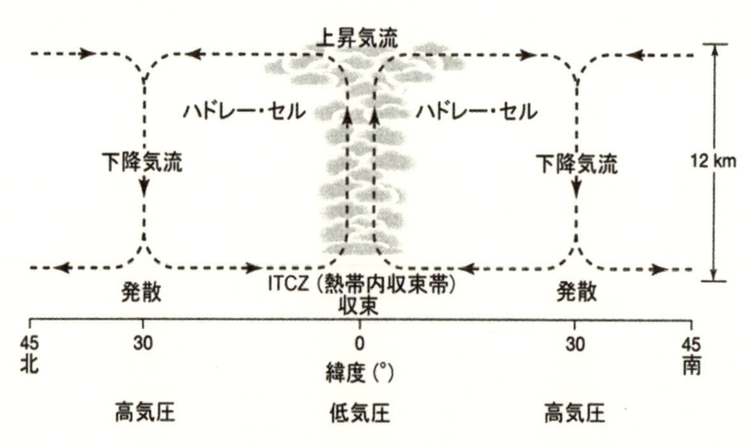

図3−4　熱帯域での発散、収束、ハドレー循環

（原著第4章、Fig.3 (p.77) よる。）

つぎに北緯、南緯30度より高緯度側での循環を見ておきます。極域での低温、とくに冬季のそれによって地表付近の大気密度が上がり、熱帯域の気圧よりも高くなります。高密度・高圧な気団は、地表付近を外側つまり赤道方向へ発散する冷気流、すなわち下降流となります。赤道方向へ向かう冷気流は､亜熱帯域から極方面へむかう暖気流に出合います。こうして北緯60度（南緯も）付近には極前線帯といわれる気温の急勾配帯が生まれるのです。そして北半球の気流の流れを上方からみると、地表での北向きと南向きの交互のパターンを見ることができます（図3-5)。この南北運動を子午線循環といいます。極域と南北30度および60度付近の高圧帯から吹き出す地表風を考えることができます。当然のことながら風は南北だけでなく、東西方向にも吹きますから、その実際のパターンはもっと複雑です。事実、東西の運動は南北より大きい。太陽放射の不均一が地球大気の赤道－極運動の原因でした。では東西のそれはなにか。これが大気の流れにかんする二番目に重要なポイントです。

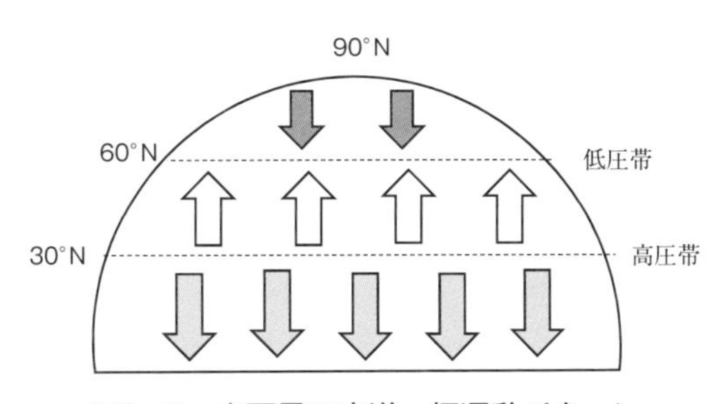

図3−5　表面風の赤道ー極運動パターン

（南半球についても同様のパターンが考えられる）

（原著第4章、Fig.8 (p.80) よる。）

図3-6は自転する地球を示したものとします。二本の子午線の間の矢印は違った緯度上での回転速度ですから、ある時間内に運動する物体の距離を表わしています。回転速度は赤道上で最大（およそ464m/秒)、そして北へ行くに従い小さくなり極ではゼロになります。

さて、いま赤道上のある地点から真北に向けて大砲を撃ったとしましょう。この弾丸が単純に真北へ向かって飛び続けて落下したとすれば、

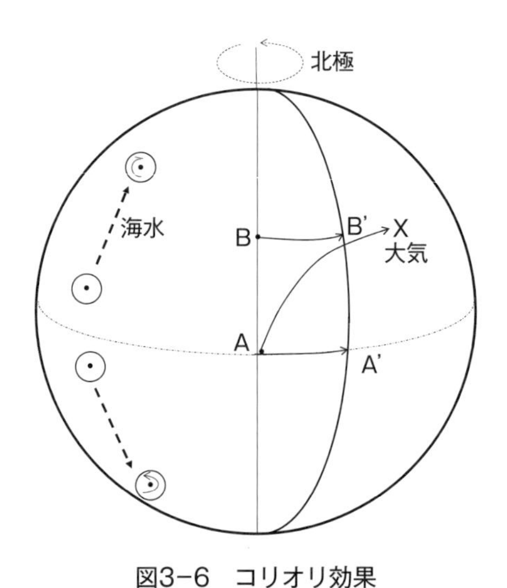

図3−6　コリオリ効果

コリオリ効果が大気と海水に与える影響。[16]

発射した地点の子午線上にその落下地点：Bはあるはずです。A地点から発射された弾丸がB地点に到達する、けれどもその間にも地球は自転しているので、子午線ABはA' B' へ移動します。しかし、実際にはどうか？

赤道上から真北へ向かって撃ちました。ところが弾は赤道上での自転速度（東向き）も持っています。発射された砲弾がどれくらいの距離を飛ぶかは別にしても、真北へ向かって飛び出した砲弾はAからBへ向かうよりかは、東の方、右にずれていくと予想できます。何故なら、北へ行けば行くほど、地球の自転速度は遅くなっているからです。このためB' よりも東側のX地点へ到達するのです。これがコリオリ効果といわれるものです。この効果は大砲弾の様な危険物質だけでなく、地球上の大気塊についても適用されます。[16]

海水の場合も考察しておきます。図の左、⊙はタライに水が入っていると思ってください。このタライをそっと北の方へ押しやると、中の水は自然に時計まわりに廻りはじめます。タライなしで大小さまざまな海水塊が移動する場合にもコリオリ効果は成り立っています。

子午線循環にコリオリ効果が加わった実際の大気循環のパターンをテキストなどで確認してください。

3. 海洋の循環

対流圏の循環は大気圧の差によって生ずるもので、それは垂直と水平方向の温度差に元々の原因がありました。海洋表層も同様に太陽光で熱せられています。けれども、海洋の場合は大気とはまったく異なる循環をしています。それはおもに水の熱的性質と、海水が加熱される場所によります。

海水は高い熱容量を持つために、海洋で温度変化が起きるためには膨大な熱量が必要だし、実際の変化もゆっくり起こります。

太陽による大気の加熱は、その大部分が地表に接する気体層の底面近くで生じていました。いっぽう、海洋への太陽による加熱は上面から、つまり海洋の表面近くで起こっています。太陽熱によって海洋の表層水は暖められますが、それは表面の数百メートルに過ぎません。太陽放射の90％は表層の100メートルで吸収されてしまいます。暖かい水は冷たい水より密度が小さいので、表層が暖ためられたとき、密度はもっと小さくなることはあっても、大きくなることはありません。この上が軽く下が重いという状況は本質的に安定ですから、垂直方向の移動は起こらない、つまり対流が生じないのです。これは成層圏の状態と同じです。温度が高度に比例して上昇するところでは、密度不均衡は生じないし、対流も起こりません。流体は、きれいに成層したままです。場所ごとの太陽入射光のわずかな差は、海洋表面の温度についてほとんど何の影響力も持っていないので、これによる深さ方向の温度と密度差は、広域にわたってほとんど存在しません。表面海洋は対流圏とは異なり、表面の加熱による循環をしていないのです。しかし表面温度はもっと間接的に大気循環に影響を発揮します。

ところが、海洋での実際の状況はこれよりはるかに複雑です。というのは、海水の密度は温度だけではなく、その塩分濃度にも依るからです。表層に低層よりも重い海水ができれば、それは低層水と入れ替わらねばならない。そのために、大変ゆっくりだが海水が上下逆転することがあります。

このように比較的安定な状態にある海洋に運動を起こさせる要因はコリオリの効果と大気の動き、風なのです。海水で観察できるコリオリの効果は既に説明しました。この絶対渦度の保存によって様々な規模の渦流がうまれます。

海洋上の風は表面での摩擦を起こします。摩擦によって風は海洋表面をその方向に引きずろうとします。そうして表面海洋－風送海流のパターンが出来上がります。海水の動きは通常では、海洋の表面から50～100m程度のものですが、北大西洋のメキシコ湾流や北太平洋の黒潮などのよく発達した海流では、表面下1.0～2.0㎞にも及びます。このような海水の流れについても大気の場合と同様に、コリオリ効果が働きます。北半球での海水は風の向きから右へそれます（南半球では風向きの左へ）。観測によるとこのずれの角度は風向からおよそ20～25度くらいとされています。

深海の循環

表層付近の海流が風に駆動されました。いっぽう、深海水が動くのは海水の密度差が駆動の原因なのです。その密度差は温度と水に含まれる塩分量の変化にあるのです。塩分濃度は純水に溶解している塩の量で測ります。海水に溶け込んでいる物質は塩化ナトリウム（NaCl）をはじめ、いろいろな塩類があります。それらの量を表すには、私たちが日常生活でもちいる百分率（%）ではなく、千分率（パーミル：‰）を用います。１%のことを千分率で表わせば10‰になります。海水の平均塩分濃度はおよそ35‰ですが、海域ごとに差があります。海水の塩の主な構成は、塩素（Cl^-）、ナトリウム（Na^+）、硫酸イオン（SO）、マグネシウム（Mg^{2+}）、カルシウム（Ca^{2+}）とカリウム（K^+）です。カルシウムを除いて（これは場所ごとに変わる）、これらの元素は地球上どこでもほぼ一定の割合です。微量成分の場合も概ね同じです。

深海の循環は温度と塩濃度に支配されるので、この循環のことを熱塩循環（thermohaline）と云います。ギリシア語でthermoは熱、halineはhals：塩を表すので、thermohalineです。大気循環は水平方向（特に緯度）に温度と気圧に大きな差を生じることによって圧力勾配を生じ、相対的に急な空気循環をもたらしました。深海では、密度の水平方向への変化は小さい。その一方で、鉛直変化は大きい。ところが、最も重い（密度の大きい）水は海底にあるために、構造は大いに安定しています。そのために、深海での水の動きは相対的に遅いのです。この表面海流よりずっと遅い深海の動きは、数百～数千年の時間軸で地球の気候を考えるときは断然重要になってきます。

そのような冷たく塩分に富む高密度の水は高緯度で生まれます。極近くの海面ではしばしば海水温度が摂氏零度以下に低下し、数メートルの厚さの海氷層ができます。このとき、海水に含まれる塩分の大半は氷結晶には取り込まれずに、海水に取り残される。こうして低温で高塩分、すなわち高密度の海水が生まれて、海底へと沈み流れていき、深海底の底層水となって赤道方向へと拡がって行くのです。

このような底層水のできる重要箇所は二か所あります。その一つが、南極のウェッデル海で、ここでできる水のことを南極底層水といいます。もうひとつは北極海のグリーンランド沖の水塊で、北大西洋の西を南へ流れます。この低層水を北大西洋深層水といいます。深層海流の一般的な速度は0.03～0.06km/hrですが、ウェッデル海の形成域から１万キロ以上も南極底層水は移動し、これにはおよそ250年もかかります。深層水全体の平均では滞留時間はおよそ500年と云われています。このような年代はそれぞれの深層水に炭素14放射年代測定法を応用し、これらを全地球的視点から考察した結果なのです。

こうして極域の表面海水が沈み、世界中の海洋の深海を移動しますが、いずれは一巡を完結すべく表面に戻って来なければなりません（図3-7)。深層流が表面に達すると、表面循環によって海水は極域へ戻っていきます。地球化学者、W.ブロッカーによると、この海水の完全な循環は、熱塩循環によるもので、海洋深層水の流れのことをコンベアーベルトにたとえられています[17]。

熱塩コンベアーベルトは、さまざまな点で地球システムの重要な特色といえます。海洋の栄養分のリサイクルにも大きな役割を果たしているし、地球の気候に大きなインパクトをもっています。

海洋生物の多くは表層付近で生きていますが、ここでは植物プランク

図3-7　海洋深層水の流れ（黒塗りつぶし）と戻り表層流（白抜き）

海洋深層水の流れは熱塩循環である。ブロッカーのコンベアーベルト

トンが光合成をおこなうために太陽光を利用しているのであり、それらを食する動物もいます。これら植物や動物が海水中の養分を利用する結果、表層は相対的に養分に乏しくなります。この生物が死ぬと、水柱を沈んでゆき分解し、海水に養分を戻します。深海では従って、比較的養分に富んでいるのです。熱塩循環はこうした養分に富む海水を全地球に運搬するという役割を担っています - 上昇域では、主に大陸縁辺で表層に養分を戻す。その結果、海洋生物の濃度はこの上昇域で最大になるのです。

海洋循環と気候

海洋循環は地球温度の調節に大きな役割を果たしています。海氷縁辺部で形成する底層水と置換するために、暖かな表面海水が極域に運ばれることは、低緯度で獲得した過剰な太陽エネルギーが極域に運ばれる機構なのです。推定によれば海洋は（1）大気と同じくらいに極方向への熱輸送の担い手であり、また（2）低緯度では、海洋が大気よりもより多くのエネルギーを運び、中～高緯度では大気の輸送が勝っています。

100年以上の長い時間軸でみれば、平均的な大気への海洋の影響は海洋全体の温度で決まります。海の水の大部分は深海にあって、その温度はおおむね深海層水形成の過程や底層水の海洋底への輸送で決まります。もし底層水形成過程が変化するなら、海洋の温度も変化するし、そしてまた気候も変わるでしょう。

完新世の気候最適期（縄文海進の頃）以降、海洋循環のパターンに大きな変化はなかったと思われます。その結果、大陸の西と東での気候や植生の違いが生じました。地質学的要因と降雨量の多寡とが相俟って、東には大平原、西岸には海岸山脈と海岸砂漠が形成しました（写真−5）。現在の気候下での底層水形成率の推定と海水体積の測定から、底層水の全てのリサイクルにはおよそ1000年程度かかることが示唆されていま

写真−5　ナミビア西岸の海岸砂漠

ウィンドフックからアフリカ横断道路を西へ走ると、砂漠の彼方に忽然と大西洋が現れた。海岸にへばりつくようにSwakopmundの街はある。乾燥した空気は森閑とした街の寂寥感を掻き立てるものがあった。西岸海洋性気候の典型いえよう。(2002年８月、能田撮影)

す。つまり熱塩循環はおよそ1000年の時間周期にわたって気候を中庸なものにする働きを持っているのです。熱塩循環が一時的に中断したり変化すれば、気候に急激で大きな影響を与えることが想像できます。

注：本章は、原著第3, 4, 5章の抜粋・抄訳である。

第4章
第四紀氷河活動

私たちは過去の気候が現在とはおおきく違っていたことを知っています。比較的穏やかな気候帯にある日本列島でも、過去には打ち続く寒冷気候のために農作は大打撃を受け、危機的状況に陥ったことがありました。しかしエクメーネ*の限界に近い北ヨーロッパに暮らしている人達にとっては、小氷河期（14世紀半ばから19世紀中頃までの寒冷気候期）の記憶はより生々しいものであるに違いありません。万年雪に覆われたアルプス、ヒマラヤなど雪線より高い高山地帯には氷河が発達していて、雪氷の世界が指呼の間に拡がっています。ヨーロッパアルプスの氷河は現在では後退が著しいけれど、18世紀には谷間の教会近くまで氷河が押し寄せていました（写真-6）。

19世紀には地質学が誕生して、地球の過去の様子を探る研究方法が発達しました。地質学者たちはアルプスの地形や堆積物の研究結果を敷衍して、ヨーロッパはかつて北部を中心に広く氷河に覆われていたことを明らかにしました。この時代を地質学では第四紀氷河期といいます。第

注＊：人間が居住している地域を指す地理学の用語で、厳密に定義すれば、「人類が居住し一定の社会を形成し，経済生活を営み，規則的な交通を行っている生活空間」である。

写真−6　モンブランの氷河

アルプス最高峰モンブラン（4810m）の南西を流れる
メール・ド・グラース氷河（2002年８月、能田撮影）

四紀以前の地球では温暖な気候が支配的でした。この時代を新第三紀と区分しています。したがって、第四紀は氷河の活動に象徴されるように、寒冷気候がこの時代の特徴です。それに比べると温暖といえる現在の気候、あるいは現在の地球温暖化を理解するには、第四紀の氷河活動から得られる情報は役立つものと思われます。

さて、19世紀にアルプスに分け入った地質学者たちは、氷河がもたらした地形や堆積物には際立った特徴があることを知りました。氷河が流れた後の岩壁には、おおきな動物が爪でひっかいたような跡が残る。これを氷河擦痕といいます。これによって氷河の進んだ方向を知ることができます。氷河の末端と側面にはモレーン（氷礫土）と呼ばれている堆積物が残ります。そこには泥から小石までの様々な大きさのもの、そして組成もいろいろなものが混ざっている。これはあちこちで侵食された岩石が氷河の進行によって堆積地点にまで運搬されたものです。また氷河末端にできる氷河湖の底に堆積する氷縞粘土も氷河活動があったことを示すものです。これは氷河が運んでくる細かい泥が溜まったものです。夏と冬とでは堆積する速度が異なるので、1年でひとつの縞模様ができます。ヨーロッパを旅すると、そこかしこに氷河活動の痕跡を見ることができて、移り変わる車窓の風景に退屈することはありません。

19世紀の地質学者たちがヨーロッパにおけるこのような痕跡を調べたところ、少なくとも4回以上の氷河活動があったことが明らかになりました。北アメリカでも同様の活動が確認され、この時代の氷河期の存在は汎地球的なでき事であることが認められました。そして繰り返し起こった氷河活動の間には間氷期と呼ばれる温暖な期間があり、気候は氷河期と間氷期が交互に周期的に訪れたことも明らかになりました。人類の文明が発達しはじめたのはまさに氷河期が終わろうとする頃であったのです。しかし、19世紀は勿論、20世紀の中頃までは年代測定の方法が確立していませんでした。そのために、そのような出来事が何年前のことなのかは明らかではありませんでした。氷河活動の年代が明らかになる以前から、その原因についての研究は進められていました。

1. ミランコヴィッチサイクル

19世紀末の科学者たちは第四紀の氷期—間氷期間のサイクルは太陽を回る地球軌道の変化によるものだと気づいていました。20世紀の初頭に、この考えはセルビアの数学者M.ミランコビッチの手で定量的足場が築かれました。彼は軌道変化が気候に与える影響についての数学的理論を導いただけでなく、過去数千年の軌道パラメータの変化についても計算し、この理論とその時代に手に入り得た数少ない地球記録との関係を示しました。地球軌道の規則的変化を彼の仕事を記念して、ミランコビッチサイクルと呼んでいます。ミランコビッチによれば、北半球の大陸氷河の成長のカギを握っている要因は、高緯度帯での夏の太陽入射量でした。高い太陽光入射は暑い夏をもたらし、冬に蓄えた雪は溶ける

(現在のように)。ところが太陽光量が低いときには積雪は夏まで持ち越し、雪や氷が溶けることなく氷床が生まれます。そうなると氷床は低緯度に向かって成長をはじめる、というシナリオです。

軌道理論

これはケプラーの惑星にかんする運動法則のひとつで、17世紀にケプラーとニュートンによって発展した惑星軌道理論は古典天文学の成果です。それは三つの法則から成り、ケプラーの運動法則として知られています。

私達にとってこの法則のうち最重要なのは第一法則で、「惑星は太陽を一つの焦点とする楕円軌道にある」というものです(図4-1)。楕円は二つの定点からの距離の和が一定になるような点によってできる曲線です。この定点のことを焦点とも云います。二つの焦点が近いほど楕円は円に近づき、離れるほどひずみの度合い(扁平率)が大きくなります。地球の楕円軌道はたいそう円に近い、つまり扁平率はゼロに近い状態にあります。また楕円の程度を表す離心率(しばしばeで表す)も現在は

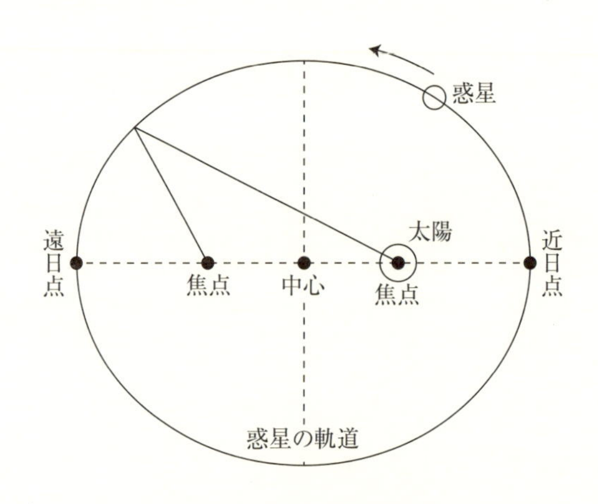

図4−1　地球の楕円軌道

0.0167で円に近いけれど、０から0.06の間で変化しています。

惑星軌道は楕円ですから、地球は一年に一回他の場所より太陽に最接近することがあります。この最接近した点を近日点といいます。その逆の地球と太陽の最長の点は遠日点といいます（図4−1）。

黄道傾斜

ケプラーの第一法則以外に、地球気候に影響のあるもうひとつの要因は惑星の黄道傾斜です（図4−2）。これは自転軸が公転軌道面に対する角度のことです。現在では垂直から23.5度ですが、およそ41000年の強い周期性をもって22と24.5度の間を変化しています。黄道傾斜は季節間の差を作り出します。これがなければ太陽照射量の年変化は軌道の離心率によるもの、言い換えれば太陽と地球との距離の変化だけになり、大変小さい。そうなると冬も夏も大きな差がなくなり、気候は１年中似たようなものになるに違いないのです。

楕円軌道と黄道傾斜が組み合わさって、季節変化が生じます。つまり夏と冬の温度差が南半球と北半球で異なるのです。北半球の夏至点後13日で遠日点となって地球に届くエネルギーは少なくなります。これが北

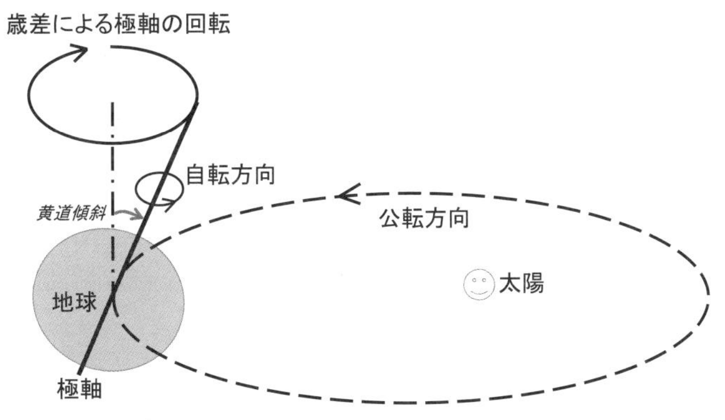

図4−2　黄道傾斜と歳差による極軸の回転移動

半球の夏が南半球より穏やかである理由です。同様に北半球の冬が南半球より穏やかなのは近日点に近いからです。北半球に住んでいるものは意識しませんが、南半球の冬は遠日点にあって相当厳しいようです。

回転軸の歳差

地球軌道について最も注目すべき変化は回転軸の方向に関することです（図4-2）。黄道傾斜にも関係することですが、歳差を起こさせる理由は地球が完全な球体ではなく、楕円体であることです。黄道面にたいして傾斜した回転軸をもつ地球に対して、二つの天体、太陽と月の引力が影響を及ぼすために、回転軸は歳差運動をします。同じ理由で黄道面も変化します。近年では回転軸は北極点がほぼポラリス、北極星の方に向かうようになっていますが、紀元前3000年に建てられたエジプトのピラミッドは当時の北極星であるアルファードラ（竜座α星）に向かって設計されていました。時が経ち、地球の回転軸が鉛直方向公転面に垂直方向の周りに対してゆらめくとき、北極は天空に円を描くように変化します。歳差の周期（回転軸のすりこぎが一回まわる時間のこと）はおよそ25700年です。さらに、地球の楕円軌道の主軸の方向もまた歳差運動をします。これが近日点移動で周期は約11万年で、木星の影響によるとされています。現在の近日点（1月上旬）と冬至（12月23日頃）の関係は、歳差と近日点移動によって約21000年の周期で入れ替わります。

歳差は太陽からの距離と季節の関係をも変えます。歳差の半周期毎に季節の最大較差が北と南で入れ替わり、南半球が穏やかな夏や冬を過ごすときの北半球は暑い夏、寒い冬というわけです。北半球の氷河活動は歳差状態によって促進されます。現在は北半球の夏が遠日点になって季節較差は小さい状況にあります。およそ9000年前はこの逆で、このときの北半球は暑い夏でした。

離心率の変化

地球離心率が変化すると楕円軌道の形を変えるので、気候に影響を与えます。離心率の変化は歳差や黄道変化などとはやや異なった現象が原因であって、木星や金星など他惑星の引力によるものです。他惑星の引力が周期的に地球離心率を0から0.06の間で変化させるのです（現在値は0.017)。歳差周期の正しさと同様に、この主要周期が予測されています。この場合はしかし、いささか長周期で、一つは10万年、他はおよそ40万年です。離心率の変化はもうひとつの重要な面で、歳差や黄道傾斜変化とは異なっています。この変化は地球への年平均日射量の変化をもたらすのです。一方、歳差や黄道傾斜にはそのような働きはありません(地球回転軸の傾斜の方向や大きさは受ける日射量には関係しません)。最小離心率に比べ最大のときには、0.2％太陽光を余計に地球は受けることを、数学的に示すことかできます。この差だけでは大きな気候変化の原因になるには小さすぎますが、フィードバック機構によって増幅されれば、気候への変化はあり得ます。

離心率が歳差周期の気候への影響に及ぼす効果は重要な点です。地球の離心率がゼロに近いと、遠日点と近日点から太陽間の距離の差がなくなるので、夏と冬の差もなくなる。

離心率が大きいとき、歳差によって北半球の夏に遠日点を通過する方が、北半球の氷河活動は活発になりやすいのです。もちろん歳差の半周期の間に状況は逆転して、北半球の夏に近日点を通過することになります。けれども過去の氷河活動の解析から、氷床は高い離心率の効果に耐えぬいたらしい。現在は低い離心率の時に当たっていて、ベルギーの天文学者A. ベルガーの計算では離心率は減少を続け、今から3万年後にはほぼゼロになる。離心率がそこまで低いと北半球で氷床を成長させる寒い冬は来ない。かくて気候学者の予想では、現在の間氷期は長続きするようです（少なくも1.5－2.5歳差周期)。化石燃料の大量消費による大気へのCO_2の放出はこの予測を強める働きにほかなりません。

2. 氷期と間氷期の間の温度変化

地球軌道に関する様々な条件が重なり合った結果、地球気候システムは二つの状態：氷河期と間氷期を揺れ動きました。7万年前以降、このゆれの振幅は一万年の周期で強いときが現れています。この変化がこの閾値を超えたとき、系は別の状態へと移行したのです。

ミランコビッチによって明らかにされた氷河時代の天文学的理論の様々な要素である歳差、黄道面変化、離心率変化は全て数学的に記述することができます。これに加えて、現在では様々な地質学的試料について年代測定法が確立し、気温については酸素同位体変化や海水面変動の記録などをこの理論を対峙させることができます。その一つの成果を示しているのが図4-3です。ここでは第四紀の最近80万年間の歳差、黄道傾斜、離心率、太陽光度の変化と氷河活動とを対比させています。この結果から、明らかにミランコビッチサイクルは気候変化を考察するうえでの基本的指針であると言えると思われます。しかしながら、ここに示した氷河活動についての定量的証拠を得ることができなかった1920年～30年代当時の学会では、受け入れられることはありませんでした。

過去の温度計ー酸素同位体記録

過去に地球上で起こった出来事を調べようとするとき、その出来事の存在を示す証拠となるものが必要です。氷期と間氷期が繰り返し訪れた場合、ある大きな変動によって、それ以前の気候変化の痕跡がかき消されてしまうことがあります。いっぽう海底の堆積物には大小さまざまな連続的な記録が保存されます。堆積物には海棲生物（その多くはプランクトン）の殻がたくさん含まれていて、それらは炭酸カルシウム

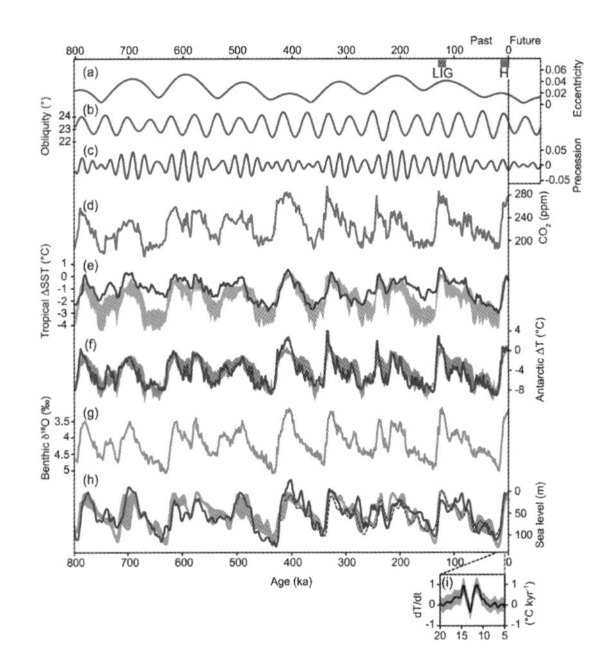

図4－3　氷河期80万年の変動

（a）eccentricity 離心率
（b）obliquity 黄道傾斜
（c）precession 歳差運動　以上a,b,cはミランコヴィッチサイクルの要素である。
（d）二酸化炭素（CO_2）濃度
（e）熱帯での気温変動
（f）南極における気温変動
（g）海底堆積物による温度（$\delta^{18}O$）変化
（h）海水準変動
本図は次の文献から引用した：IPCC, 2013: Climate Change 2013: The Physical Science Basis. Contribution of Working Group I to the Fifth Assessment Report of the Intergovernmental Panel on Climate Change. Cambridge University Press, 1535 pp.（原図：カラー）

（$CaCO_3$）からできている。これが私たちに過去の温度を知ること手がかりをあたえてくれます。20世紀の後半になって、ボーリングによって海底堆積物を回収する技術が発達したことが、この分野の飛躍的発展をもたらしました。過去の温度を調べる研究は年代測定法の進展と相俟って、第四紀の氷河気候に定量性を与え、そしてミランコビッチサイクルの復権を支えた重要な分野です。そこで海棲生物の化石を用いた地質温度計の原理を学習します。

酸素同位体

自然界には同じ元素でも質量の異なるものがあり、これを同位体といいます。酸素には３つの同位体があり、それらを^{16}O, ^{17}O, ^{18}Oと表記します。左肩の数字は質量をあらわす数だから、^{18}Oは^{16}Oに比べて12.5％も重いことがわかります。酸素全体を見渡すと、^{17}Oや^{18}Oはたいへん少ないけれど、^{16}Oに比べてどれくらいあるかは質量分析計によって正確に知ることができます。そして海水中の酸素18と16の比が海水温度を現しているのです。どういうことかと云うと、高温のほうが、低温のときよりも^{18}Oはより蒸発しやすい。ということは残った水では^{16}Oに比べて^{18}Oの割合がすくないことになります。海棲プランクトンの炭酸カルシウムをつくっている酸素にも、この僅かな変化が反映されているのです。こういうわけで深海堆積物へのボーリングコアから回収した殻の酸素同位体分析によって、表層水の温度変化の歴史が明らかになるのです。

この酸素同位体分析の方法は雪氷にも応用することができます。過去の雨水は保存されることはないが、極地の氷床に降る雪は次々と積み重なっていきます。時間が経つと重みで圧縮されて、氷へと変わるけれど、降った時の雪の酸素同位体は保存されています。南極やグリーンランドの氷床は海底堆積物と同様に、過去の気温変化を記憶している貴重な資料なのです。ただし、雪氷の^{18}Oでは海水と逆の傾向であることに注意します。

1950年代になって初めて深海堆積物のコアが回収され、同位体分析が行われました。それ以前は大陸上の地質学的記録によって、温暖な気候であった新第３紀から、寒冷化が始まったとき以降を第四紀と地質時代を区分していました。新たに海洋から得られた酸素同位体の結果は地質学に定量的な支持を与えました。第四紀には四回以上の氷期が知られていました。新しい海洋の記録によれば、およそ250万年前の第四紀の始まり頃から低温傾向へ移行して、気候は頻繁に寒暖を繰り返してきました。北半球の氷河活動の重要な活動は過去70万年の間におよそ10万年毎に起きていました。そのうちの大きなものは40万年以降にありました。これがミランコヴィッチの計算による予測と見事な一致を見たことから、ミランコヴィッチサイクルの正しさが認識され、再評価されました。

氷期の間の全地球平均気温はおよそ10℃、大気CO_2は200ppmでした。こうした寒期は間氷期という短い暖期で分断されています。間氷期には大陸氷河はグリーンランドや南極に限られ、全地球平均気温はおよそ15℃、大気CO_2量は280ppmです。

このようにして氷期と間氷期は繰り返し、地球の気候を支配してきました。一番最近の氷期はおよそ７万年前から１万年前まで続きました。この最終氷期にはウルム氷期（アメリカではウィスコンシン氷期）の名称が一般的に用いられていました。氷期が終了したのは１万４千年前と云われた時がありましたが、グリーンランドをはじめ極地の氷床コアの分析からヤンガードリアス期（12900～11500年前）という「寒の戻り」が識別され、確認されました。そこで現在、完新世の年代は11500年前以降と改訂されました。なお、わが国では完新世のことを沖積世ともいいます。

3. ヤンガードリアス期

２万前には北米や北西ヨーロッパの広汎な地域を覆っていた氷床が１万５千年前頃から急速に後退を始めました。全地球海面は氷が溶けるとともに上昇をはじめました。そして大量の融水による侵食が氷床末端付近の地形を変えたのです。それまで氷河地帯であった地域にも植生が拡がり、土壌ができ、そして気温や降雨パターンが変化すると、新しい植生のパターンが発達しました。これで最終氷期は終わりを告げるかと思われました。しかしこの温暖な気候は長続きせず、ふたたび寒冷化へと向かったのです。そして、その後およそ1500年間に２回の寒冷期（オールデスト・ドリアス、オールダー・ドリアス）を経て、12900年前には突然、氷河期と同じような気温へと戻ってしまいました。この寒冷な気候は11500年前まで、1400年間も続きました。これがヤンガードリアス（Younger Dryas）期の名で知られる逆転現象なのです。－Dryasの花（日本名はチョウノスケソウ）は当時広域に分布していました。しかし現在では北極やアルプスのツンドラにしか見られません。

ヤンガードリアス期の気候と植生変化の証拠は北ヨーロッパでの花粉分析と地質の解析によって得られたものです。氷河後退後に気候が温暖化したとき、一般に植生密度が増加しました。特に草やスゲが増えました。続いてビャクシンのような低木や柳が増えた。ある地域では低木に白樺林が取って代わりました。地質的証拠によってスコットランドでは１万５千年以降氷河が一度後退してから、ふたたび成長したことが明らかになっています。気候の逆行はアンデスやアフリカでも起こりました。アフリカから得られる最大の痕跡は北半球の氷河後退後に上昇した湖水準です。完新世初頭、私どもが現在サハラ砂漠としている部分は本質的には草地（サバンナ）であり、この地域の生態は今日のものとは大きく異なっていました。この変化の影響については研究が進行中ですが、寒冷化は必ずしも全地球的であったとは云えないようです。たとえばメキシコ湾やカリフォルニア湾を除けば、北米大陸では全くその痕跡がないし、地中海地方にはわずかな証拠があるのみなのです。只、そのような地域でも著しい乾燥化は起こっていたようです[17]。

ヤンガードリアス期の北大西洋

ヤンガードリアス期の気候変化は北大西洋の海洋循環の変化によるものであるらしいことが、近年明らかになってきました。北大西洋北東部での相対的に高温の表面海水は現在の北ヨーロッパに温和な状態を提供していますが、これはメキシコ湾流の温かな表面水が北方へ運動することによるのです。この運動は大気循環と熱塩循環とによって制御されています。北大西洋熱塩循環はノルウェー沖とグリーンランド海に形成する深層水によって駆動されます：冷たく高塩分濃度の海水が沈降し南へ移動すると、それにとって代わる温かい北向きの海水が表面を流れます。

地球化学者ブロッカーが示したように、氷河後退にともなう気候変化はこの深層水形成を阻止、ないしは減少させるようなでき事によって生じたとされています。北アメリカ氷床の融水は通常メキシコ湾にむかって南へ流れただろう。しかし、氷冠が溶けるときには、なんらかの地形的条件によって融水はセントローレンス湾から東へ流れた可能性があります。その結果、北大西洋の北部へ大量の冷淡水が流れ込んだ。淡水は塩水より密度が小さいから、この流入によって極めて容易に氷結する安定表面層水が形成し、海氷端を南方へ押しやり、北大西洋深層水の形成を阻止したというのです。熱塩循環の変化と海氷の南方への拡大とが相俟って、北大西洋海流での暖表層水の流れをも止めてしまいました。これがこの地域に重大な気候変化をもたらしたと推測されます。このような過程はヤンガードリアス期におこった気候の逆行現象も説明可能だし、北大西洋地域での局所的変動をも説明できます。唯、このメカニズムではニュージーランドでも同時に起こった変動を説明するのが困難であることから、論争の的となっています。

蓄雪量記録

ヤンガードリアスについては以前から地質学的には知られていたし、これが相当急速におこったこともおよそ分ってはいました。1990年代初頭にグリーンランド氷床から得られた氷コア試料は、そうした変化が10年以内に起こったことを示唆する驚くべき情報をもたらしました。気候変動とはゆっくりと起こるものと、誰もが思っていますが、必ずしもそうではないのです。

暖期には降雪量が増加する、などと云うと、多くの人がそんな馬鹿なこと！と云われるでしょう。当然のことながら、日本では寒い方が降雪量は多い。ところがグリーンランドのような高緯度地域では、暖期の湿度が降雪をもたらし、寒期には乾燥のために降雪量は少ないのです。

氷床コアから得られた蓄雪量記録は、暖期には降雪量が増加することを示しています；また寒から暖への変換がたいそう急速に起こったことを示しています。コアに含まれる塵の量もこの変化に対応していることが分かっています。塵が多いのは氷期、それは乾燥と強風のためなのです。つまり、北半球での南北間の大きな温度差が強い大気循環をもたらします。循環がおおきいほどより多くの塵を運びます。積雪量とダスト蓄積量の両者は大気循環の変化を示唆しているのです。そして、そうした変化の起こる速度は瞬間的と云えるほど短時間に切り替わったことを示しているのです。

温度記録

蓄雪量と並んで、グリーンランドから得られた氷コア試料の解析による温度記録はヤンガー・ドリアス期とその前後の変化を見事に再現してくれました（図4-4）[18]。オールデスト・ドリアスとオールダー・ドリアスなどの寒冷期が見事に再現されています。そしてヤンガー・ドリアス期の始まったときの気温低下と、終末期での気温上昇の驚くべき速さ

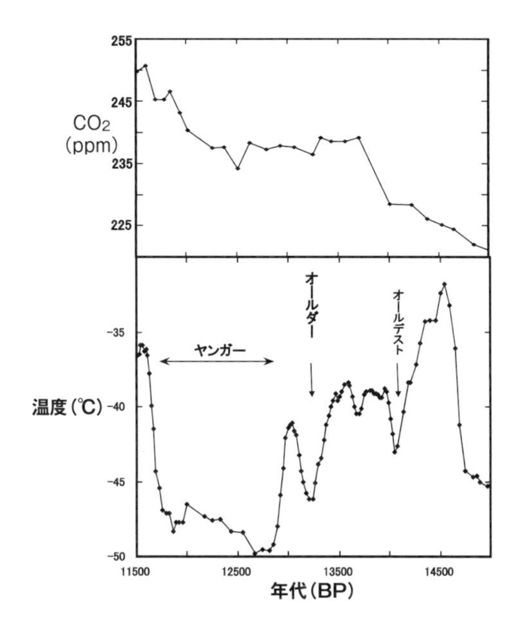

図4−4　ヤンガードリアス期のグリーンランド氷床から得られた気温変化と南極からのCO_2変化

（IPCCデータによって作成）

にも注目すべきです。とくに終末期の気温上昇は100年間で7.4度も上昇した。これを氷河期での最も過激な気温変化と比較すると、ウルム氷期の終わり（1.7〜1.4万年）では、気温上昇は100年当たり0.17度でした。つまりヤンガー・ドリアス終末期の気温上昇は氷河期でのもっとも急速な気温変化と比べて、およそ40倍であることが分かります。

ヤンガー・ドリアス期のCO_2

ヤンガー・ドリアス期にCO_2はどのように変化したでしょうか。ここでは南極氷床で得られた氷コア試料のCO_2を検討します。先ほどの気温はグリーンランドのデータでした。気温とCO_2という異なる変数を比較するのに、その場所も地球の北極と南極と云うまさに両極端からのデータを比べるのはおかしいではないか、と思われるかもしれません。しかし、現在の地球大気中のCO_2濃度には大きな地域差はありません。それはCO_2の滞留時間が12.7年で南北間の循環が良いために、局所的な変動、例えば大規模噴火による火山ガスの放出などがあっても、比較的短時間の間に均一になるのだと考えられます。

さて、南極氷床で観測された1万5千年前から1万1千年前までのCO_2の変化を図4-4に示しました[19]。これによれば、1.5万年前から1万3700年まではおよそ20ppm増加しています。その後1万2千年まではほとんど変化はありません。それ以降、1万1千年前にかけては240ppmから265ppmへとほぼ直線的に増加しています。この様子を気温変化と比較すると、激しく気温が変動したオールデストからヤンガー・ドリアス期終了までのおよそ3,000年の間、CO_2は1,500年もの停滞期を挿んで、一度も減少することなく増加をつづけていたのです。

この事実から、次のような観察結果が得られます。14,500年から11,000年前のオールデスト、オールダー、そしてヤンガー・ドリアス期の気候変化と大気CO_2濃度との間には、この気候変化の終末期を除いて、相関関係は見られない。おそらく急激な温度変化にたいして、大気のCO_2は応答できなかったのか、あるいは北極圏の大きな気温変化は局所的なもので、地球全体の大気CO_2濃度に何らの影響も与えなかったのかもしれない。

ヤンガードリアス期の寒冷気候が人類に農耕を始めさせる契機となったと言われています。ひとたび温暖気候によって増加した人口を維持するには、それまでの狩猟生活では食料の安定した供給はできなかったのでしょう。そこで農耕による安定を求めざるを得なかったというわけです。完新世にはいって気候がさらに温暖になるにつれて、農耕の生産量もあがりました。

4. 氷河期のフィードバックループ

第四紀の最大の特徴とも云うべき氷河活動の消長はミランコヴィッチサイクルによって解明が進んできました。この時代を通じて地球システムはどのような応答によって対応し、どういうフィードバックループによって様々な変動を吸収してきたのでしょう。別の表現をするなら、ミランコヴィッチサイクルによる変化は強制です。それに地球システムはどのように応答したのでしょう。それによって私たちが考える地球モデルの当否も試されることになります。

まず、a）地球の気温、b）雪氷面積、c）アルベドという３つの要素について、どういうフィードバックループが成り立つかを考えてみます（図4-5a）。気温の上昇にともない雪氷面積は減少するから負のカップリング、雪氷（ミランコヴィッチサイクル）の増加にともなってアルベドは上昇するから正のカップリング、アルベドが上昇すると地球の気温は低下するので、このカップリングは負である。全体をみると、負のカップリングが２つ、正のカップリングは１つであるから、この系全体のフィードバックループは正となります。つまり何かのきっかけで一度雪氷面積の増加が始まると、気温の低下をもたらし、それは更に雪氷面

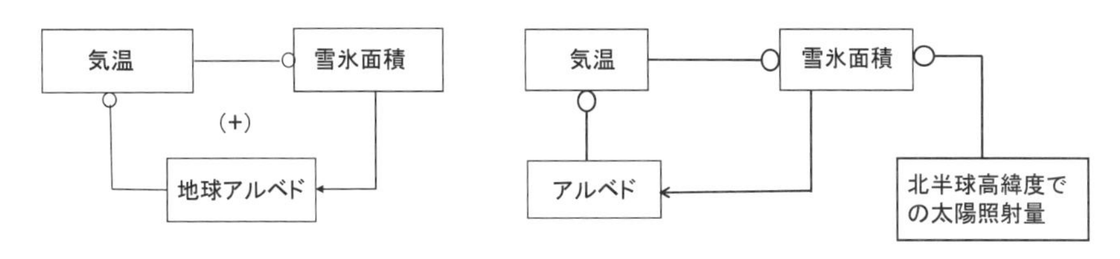

図4-5　雪氷域成長に関するフィードバックループ

a. 気温、雪氷面積、アルベドから成る地球システム（正のフィードバックループ）
b. 北半球高緯度での太陽照射量の要素を加えたシステム
aは原著第３章、Fig.21（p.68)、bは第14章、Fig.9（p.325）による。

積の増加を招くわけです。これでは一度氷期に入ると、このシステムには自ら脱出するフィードバック能力がありません。この点を修正したのが図4-5bです。

この図では、雪氷面積成長・縮小を説明するために「北半球高緯度での太陽照射量」を書き加えたに過ぎません。しかしこれによって、負のカップリングが3個になり、このシステムは負のフィードバックループを持つ。この要素は図4-5aの3要素系に作用する外力であって、「雪氷面積」とは負のカップリングです。しかしその他の要素「アルベド」、「気温」は外力とはカップリングしません。あえて探すなら、「気温」との間に正のカップリングが成立するかもしれない。さてこのシステムでは、太陽照射量が減少して雪氷面積の増大が起こってしまえば、アルベド、気温、との3成分系で正のフィードバックループが成り立ち、気温の低下は続くのです。この暴走を止めるためには外力の変化、すなわち太陽照射量が増大に転じなければなりません。したがって地球気候システムとしては、たんに外力:「北半球高緯度での太陽照射量」の変化に応答したに過ぎない。言い換えれば、ミランコヴィッチサイクルに従ったまでのことであって、システムとして気候制御に有力とはいえない。氷期と間氷期の閾値を飛び越えるためには、外力の作用が必要だったのです。

第四紀の氷河時代は氷期と間氷期の繰り返しであったことを、私たちは知っています。それはミランコヴィッチサイクルによって理解することができます。そこには地球システムによる自己制御能力が見えてきません。

雪氷面積の増減を考えるとき、関係する要素はアルベドと気温だけではありません。水蒸気量は無視できない要素です。大気中の二酸化炭素量の変化による温室効果の変動もおおいに関係があるはずです。

氷河期の大気CO_2に影響をもたらす生物ポンプ

ミランコヴィッチ・サイクルによる冬季の氷の成長や、夏季の融解に影響する太陽光度の季節分布の変化などはアルベドに大きな影響力があります。そして氷河活動を考察した「気温、雪氷面積、アルベドから成る地球システム」（図4-5a）は正のフィードバックループを持ち、一方向の変化を制御する能力がありません。CO_2濃度による温室効果についてはこれまでに繰り返し述べてきました。これが気候変化において、他の気候要素とどのような関係にあるのか、ここでは特に生物ポンプ（海洋表層から海洋内部へ生物学的に炭素を輸送する経路を指す）との関連を考察します。

生物ポンプの役割

海域では光合成によって二酸化炭素を有機物に変換し、海水中にこの物質を沈降させ、これを深所で分解することによって、世界中の海洋での炭素分布が決まります（第２章を参照）。これが生物ポンプの大きな役割です。大気は海水表面と平衡にあるから、大気CO_2量もとりあえず平衡状態にあると考えます。現在の平衡状態は生物ポンプと熱塩循環によって維持されています。

19世紀の工業化以前の水準である280ppmという大気CO_2分圧は、生物ポンプの効果の程度を示している、と考えられます。何故なら、完新世に入ってからの１万年間、氷河期のような過激な気候変動には見舞われておらず、大気と海洋間のCO_2にかんする平衡が成り立ってから十分な時間が経過しているからです。ところが現在の海域では、生物の働きによって栄養分濃度が完全には吸収されてはいないのではないか、と考えられます。もし栄養分が完全に利用されているなら、つまり生物ポンプが100％有効に作動して表層海水から栄養分とCO_2を吸収したなら、深海から循環してくる海水の栄養分はなくなってしまうはずです。

すると大気CO_2は約165ppmにまで減少するという計算があります。その反対に、もし生物ポンプが完全に停止してしまったなら、大気CO_2濃度は720ppmにまで上昇するらしい。だとすると、氷期では低CO_2濃度（180ppm）であったことは、生物ポンプがかなり有効に作動したことを示唆しているのかもしれません。

どうして氷期の海洋は大きな生物生産力を維持し得たのか？単純に考えれば、現在の高緯度海域が高い一次生産力をもつことと同じような機構が作用していたのかもしれません。氷期の寒冷気候下で高い生産性を維持する海洋生物の活動によって、大気CO_2濃度は減少した。そのために温室効果は低下し、気候はさらに寒冷化に向かった、というシナリオは当時のフィードバック機構は正（+）であったことを示唆します。

氷期の海水面の低下によって、当時の大陸棚は広く露出しました。河川から海洋への水の移動量は、温暖期に比べてはるかに低かったに違いありません。しかしその水には露出した大陸棚の豊かな堆積物が含まれていて、豊かな栄養分を含んでいました。そのために海洋表層での光合成生物の活動はさらに活発になり、大気CO_2濃度は低下した可能性はあります。寒冷気候とCO_2濃度との間に、このような正のフィードバックループが作動していたのかもしれません。

石灰岩の形成と分解、そしてケイ酸塩風化

生物ポンプの働きによるCO_2吸収のメカニズムが正のフィードバックループを形成するのであれば、およそ大気のCO_2を制御する機構は地球にはないのでしょうか。サンゴ礁など生物起源の石灰質岩石（炭酸カルシウム）の形成は、過去30億年以上にわたって、地球大気中の膨大なCO_2を固定する役割を果たしてきました。したがって、サンゴ礁の活動は大気中CO_2を制御する役割が期待できます。それは次のような機構です：海水に溶け込んだCO_2は重炭酸（$HHCO_3$）になる。この２分子が

カルシウムと結合して、炭酸カルシウム（$CaCO_3$）が形成され、同時にCO_2が１分子放出されます。石灰岩の形成にはCO_2の２分子が関与するが、１分子だけがカルシウムと結合して、他の１分子は再び大気中へ戻ります。

こうしてできた石灰岩が風化・分解すると、岩石に含まれるCO_2は大気中へ戻ります。結局、始めの２分子のCO_2はすべて元に戻るのだから、大気CO_2の制御には役立たない、と考えるならばそれは間違いです。現実に、私達は20億年以上の年齢を持つ石灰岩を知っています。この石灰岩に含まれているCO_2成分は20億年以上も固定されていて大気循環とは無関係でした。石灰岩は優れたCO_2吸収源なのです。けれども、石灰岩の形成は地球気候に負のフィードバックループの一環として作用しているかというと、必ずしもそうではない。

同様のことは珪酸塩風化についても云えます。この機能は石灰岩の形成よりも、大気からのCO_2吸収源としては優秀かもしれません。そしておよそ６億年前のスノーボール地球のときには、この珪酸塩風化が大きな役割を果たしました。けれどもこの場合も正のフィードバックであったと考えられます。そして、サンゴ礁など生物活動による石灰岩の形成や珪酸塩風化の場合も、反応に要する時間は通常は10万年から100万年以上という長い時間軸での機能です（スノーボール事件のときはずっと短時間に起こった)。

このように見てくると、寒冷化の時にはCO_2を放出してこれを食い止め、温暖化の時にはCO_2を吸収して寒冷化に向かわせるような、都合の良い制御機構は簡単には見当たらないのです。しかしCO_2を暴走させてしまうと、やはり厄介なことになります。

氷河期をはじめ、すべての気候変化の原因をCO_2に帰するという、程度の悪い一元論では問題の解決にはならないことが判ります。そもそも氷河期の気温変化の幅は10度（℃）にも達しているのにも拘わらず、CO_2

量の変動幅はたかだか100ppmに過ぎません。この気温変化が100ppmの変動のみによるのであれば、現在観測されているCO_2量の増加によって、気温は10度(℃)近くも上昇すべきです。ミランコヴィッチ・サイクルが始めにありきなのであり、これによって氷河期の気候変化は起こったのです。また先に述べたように、CO_2を気温制御機構の要素として期待するには、短くても１万年以上の時間が必要です。

注１：この章の大部分は原著 第14章［更新世の氷河活動］の抄訳であるが、一部に訳者の論考がある。

コラム３　日本の氷河

第四紀氷河期には我が国の北アルプスや北海道の日高山脈にも氷河が発達して、圏谷（カール）などの氷河地形が生まれました。現在もその谷間には夏まで雪渓が残っていて、私達はその風景を愛でることができます。日本で近代登山が始まった20世紀初頭から、それらは氷河ではないか、との論争がありました。人類学者・登山家の今西錦司博士もその論客の一人でした。

2009年から北アルプス立山連峰の雪渓で実施された詳細な調査の結果、最大60mを超える厚さで１kmもの長さの氷体が発見され、日本雪氷学会でも氷河の認定がなされたそうです（富山県のホームページによる)。山好きには何故か嬉しいニュースでした。

第5章
現在の気候変動：地球温暖化

第四紀の最終氷期以降、現在に至るおよそ1万年間続いてきた温暖な気候はこれからどうなるのでしょう。人類が経験している急速なCO_2の増加は20世紀の気温上昇をさらに加速させて、気温はもっと上昇を続けるのか、あるいはそういう危惧をよそに寒冷期へと戻っていくのか、私たちにとっては最重要な問題の一つです。前章で述べたヤンガードリアス期の寒冷期が終わってからの1万1千年前以降を、地球科学では完新世と呼んでいます。図5-1はこの時代の温度変化を示したものです。多くの地域から、様々な方法で得られたデータですから、ある時点、例えば5000年前の平均気温を求めるのはとても難しいことです。極地の氷ボーリングから得られたデータの誤差は小さいけれど、この結果を全地球の平均気温の計算に用いるときには慎重な配慮が必要です。極地以外の地域については年輪や花粉分析などが有力な手段ですが、誤差を小さくするには大変な努力が要求されます。世界の各地から得られ得たデータには、大きな地域差があります。

全体としては、完新世前半（6千年より以前）では観測地点による差が大きいが、後半ではそれがやや小さくなっているようにも見えます。我々が今日、「地球温暖化」として問題にしているのは、この図の右端

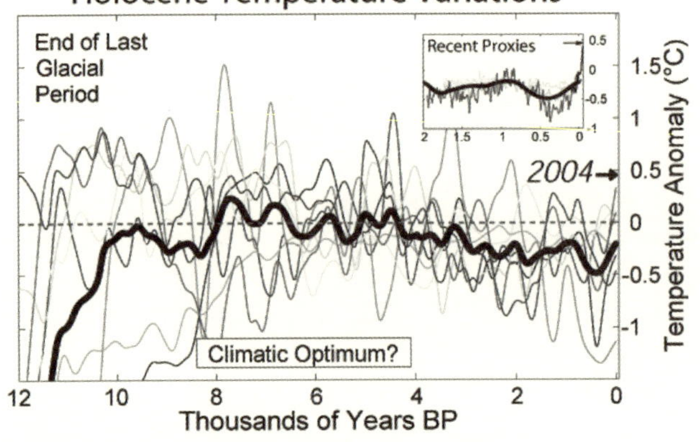

図5−1　完新世の気温変化

この図はウィキペディアから引用した。Global Warming Art projectの一部で、Robert A. Rohdeが作成したもの。（原図：カラー）

で急速に上昇を示している部分です。

前章で第四紀氷河期の気候変動は100万～10万年程度の時間軸での変化でした。この図5-1では時間軸が1.2万年であることに注意します。最終氷期以降、急速に上昇した気温は１万年前で一度頂点に達して、その後やや低温側に振れた後、８千年から４千年前頃まではほぼ安定な温暖期でした。それ以降は低温化傾向がみられ、AD.1500年あたりに大きな落ち込みがみられます。紀元後、中世以降の気温変化は図5-2に示しました。これらの図について考察を進める前に、注意すべき点があります。図5-1での気温変化の幅はプラス側が２度、マイナス側は1.5度、全体は3.5度です。同様に図5-2では全体が2.2度です。これが氷河期を含む過去80万年の気温変化を示した図4-3では12度にもなります。したがって、縦軸（温度）と横軸（時間）のスケールが図によって異なっているから、変化の程度を読み取るときには十分に注意を要します。

現在、問題になっている“地球温暖化”は産業革命頃からの変化を包

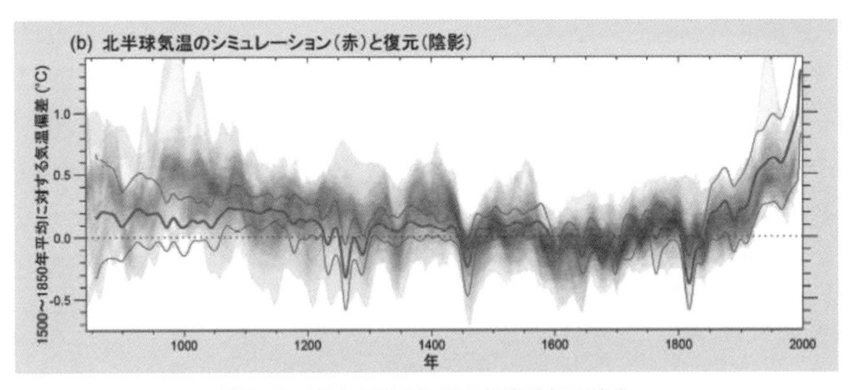

図5−2　過去1300年間の北半球気温変化

IPCC第５次評価報告書　第１作業部会報告書　技術要約（2013年、気象庁訳）から引用。（原図：カラー）

含すべきで、少なくとも時間幅として200年くらいは必要です。変動をより詳細に検討するときは、100年、50年程度の時間軸も必要です。しかし、その場合でも、変動の解析には、その時間軸に留まらず、広い視野を持つことが大切です。

図5-1、2の縦軸（温度）のスケールを理解したうえで、この最終氷期以降、完新世の変動を俯瞰しておきます。それは現代の気候変化を理解するためにも役立つものと思われるからです。

1. 完新世での三つの気候変動

完新世では三つの気候変動が注目されます。気候最適期（約7000年～5000年前、これは我が国の縄文海進の時期にあたる）、中世温暖期（紀元1100が中心）、小氷河期（15世紀～19世紀初め）です。それらの変動はヤンガードリアス期と同じように、地域によって時間差があるから、継続期間を明確に断定しにくい。また変動のすべてが全地球的なものであったかどうか、疑わしい場合もあります。

気候最適期

最近１万年程度の時間軸で気温変化を見ると、8000～6000年前頃はもっとも温暖であったことが分かります。この時代は気候最適期と呼ばれています。9000年前に地軸傾斜が24度になり、北半球での日射量が増大したことがその原因だとされています。これはミランコヴィッチサイクルを構成する要因の一つである地軸傾斜の効果が顕著に現れた結果だと云えます。そのため北半球高緯度での気温上昇は最大９度にも達しましたが、中・低緯度では大きな変化はなく、熱帯サンゴ礁では１度以下でした。

日本ではこの気候最適期は縄文海進として知られています。２ないし３メートルの海面上昇があったとされています。日本列島はこの時期には温和な気候に恵まれていたようで、各地に当時の遺跡が残っています。青森県の三内丸山遺跡などにみられるように、当時の人々は東北地方でも温暖な気候の下で、豊かな生活を送っていたことが窺われます。この海進によって関東平野、大阪平野をはじめ、日本各地の海岸平野が形成しました。

このような海進は全世界の広い範囲で起こりましたが、高緯度の氷床に近い地域では見られないようです。それは氷床の後退に伴って、陸地が隆起したために、海面上昇分が相殺されたのです。でもこのことで、この海進が汎地球的ではなかったとは考えられません。

中世温暖期

中世温暖期というのはAD1100辺りをピークとする温暖期のことです(図5-2)。この時期には北半球の高緯度に棲んでいた人達は温暖な気候を満喫したようです。ヴァイキングの人達はグリーンランド南西海岸に自立居留地を設営しました。それはおよそ400年も続き、最盛期には280軒の農家があり、人口は3000人にもなったといいます。北西中部ヨーロッパでは、中世温暖期は紀元1150～1300年の間に最高潮に達しました。この期間、北緯64度のノルウェーで小麦が栽培され、アイスランドではカラスムギや大麦が育ちました。またブドウ園がイギリスにつくられ、農業集落がノルウェー、北イングランドやスコットランドの高地にまで拡大しました。そうした所での気候は現在よりはるかに温暖であったにちがいありません。この期間の中部イングランドでの平均気温は20世紀前半のそれよりも0.5～0.8度高かったと云われています。ところが他の地域では大きな温暖化の痕跡は少ないようなのです。ともあれ、このような温暖気候は一時的なものでした。なお、最新の報告では、現在と同程度に温暖であった地域は限られ、地球全体での平均気温はむしろ寒冷であったと見られています。

図5-2からも明らかなように、12世紀に入ると既に温暖期のピークは過ぎていたことが判ります。13世紀初頭からユーラシア大陸に版図を拡大したクビライ・カアン率いるモンゴル帝国も、この世紀後半には衰退したことと寒冷化の間には関係がありそうに思えます。AD.1250～1350に、北欧各地は暴風と洪水に見舞われました。暴風は高緯度帯での寒冷が原因であり、これが海氷の南への拡大をもたらし、北大西洋地帯の温度勾配を高める原因となりました。デンマークやドイツでの北海沿岸の洪水は広域に及び、10万人が犠牲になったと云われています。

14世紀初頭から気候の振れ幅は大きくなり、湿潤な（したがっておそらく寒冷な）夏季が1313～1317の間ヨーロッパで続き、これが広汎な地域での凶作をもたらしました。北ヨーロッパやスカンジナヴィアの高地に拡大した農業はこうして終焉を迎えました。この大きな環境変化に加え、その後1346年に腺ペストの上陸が重なりました。ペストは1361年まで続き、2500万人が死亡したと推定されます（当時の欧州の人口のおよそ1/4）。その一方で、北アメリカ西部では干ばつが続いたようです。

中世温暖期は太陽の活動の中世の極大期（AD1100年－1250年）と呼

ばれる時期と部分的に一致しています。温暖期の原因を日射量の変動に帰する見方もあります。地表１平方メートル当たり0.5ワットの変化、そして太平洋の海面水温の0.2～0.3度の僅かな変化が原因だと云われています。尚、この中世温暖期を通じて顕著なCO_2の変化は知られていません。

小氷河期

14世紀初頭から続いた不安定な気候は16世紀にと入ると、急速に寒冷期へと向かいました。これが小氷河期といわれるものです。この寒冷期は元々西ヨーロッパや北大西洋を中心にした地域的気候変動と考えられていましたが、アルプス、アジアやヒマラヤ、南米、ニュージーランド、南極などからも多くの証拠が集まってきて、これが汎世界的なものであることが判ってきました。とはいえ、すべての場所でこの時期の気候変動の明確な痕跡があるわけではありません。また変化が同時的であったのか、どこでも同じくらい継続したのかも判然としません。小氷河期は19世紀中頃まで続きましたが、気温の低下は直線的ではありません。

小氷河期の痕跡には様々な形態があって、山岳氷河の成長、森林限界の低下、浸食や洪水の増加、海氷の拡大、運河や河川の凍結などがあります。オランダの運河は輸送に長らく使われてきましたが、1633年以降凍結したという記録があります。運河は現在では稀にしか凍結しませんが、15、17世紀には年間３か月も凍結することがありました。また、スイスアルプスの氷河が前進して、村はずれの家屋にまで迫りました。このような寒冷気候でしたが、現在との比較ではせいぜい１度くらい低かったと云われています。

小氷河期の原因

この寒冷期の原因として、太陽活動の変化と火山活動とが挙げられています。太陽活動の変化は太陽表面に現れる黒点の数によって知ることができます。黒点は太陽の温度が低い部分のことです。だから黒点が増えれば太陽の温度は低いのではないかと考えるところですが、実際はその逆なのです。黒点の周囲には通常より高温に輝く領域があって、この部分は黒点の面積よりもおおきい。その結果、太陽は黒点が多い時には、実際にわずかだが輝きが勝っているのです。ガリレオが初めて望遠鏡で太陽黒点を観測したのは17世紀初頭のことで、それ以来の観測記録があります。ただし、裸眼による観測記録はBC28年にまでさかのぼります。系統的な記録は1848年以降のことです。1645～1715年の間は観測された黒点数が極めて少なく、この時期をマウンダー極小期とよんでいます。これはよく知られている黒点活動のおよそ11年周期の規則的変化よりももっと長周期の変化です。この太陽活動の低下が小氷河期の原因の一つとされています。これに大規模な火山活動が加わって寒冷化を助長したというのですが、具体的に何処の火山であったとの確かな情報はありません。1815年インドネシアのタンボラ火山の噴火は史上最大級の噴火で、翌1816年は世界的に寒冷でした。「火山噴火によって大気中へ放出された大量のエアロゾルがアルベドを高めて、これが低温をもたらしたこと」は1991年フィリピンのピナツボ火山噴火の記録からも納得できます。しかしタンボラ火山の噴火をもって小氷河期の原因とするには、寒冷期と火山活動がまったく一致しません。そして19～20世紀を通じての巨大噴火による低温傾向はせいぜい５年しか続いていません。

中世温暖期のところでも触れたように、過去1000年間の大きな気温変化は太陽活動との関連を示唆しています。単純には活動が活動なときの太陽は大量のエネルギーを放出し、このために地球の気温も上昇すると考えらます。しかし太陽活動の影響はそれだけではなく、宇宙線量との関係が検討されています。何故なら、宇宙線は雲発生のメカニズムに寄与しているために、太陽活動が活発になると、雲の生成率がさがり、雲アルベド効果が発揮されないために、さらに地球へ届く太陽エネルギーが上がるというわけです。太陽活動は地球の気候システムに「強制」として作用する重要な因子です。

2. 海洋循環と気候変動

つぎに「今日の気候変動」という視点、時間軸としては100年程度での重要な因子を考察します。

私達は大気の温度を測定して、これを基に様々な考察を行っています。しかし大気の状態というのはまことに移ろいやすいものです。大気は熱をすばやく運搬して、様々な異常をすぐさま消してしまう。しかも大気は変化をほとんど記憶しません。いっぽう海洋は膨大な熱を吸収して、蓄えます。そしてこの熱をゆっくりと放出する。そのため海洋は様々なできごとを大気よりも長く記憶します。海洋底から海水を採取して、含まれている炭素－14量から海水年代を求めるという、それまでは固体試料に限られていた手法が応用できたことも、海水の特徴を見事に表しています。海洋表面の温度に影響力をもつ短期的な異常が後になって気候に影響をあたえることもあり得ます。海洋は、したがって数年から数十年の時間軸での気候変化の原因となる過程を含んでいるといえます。熱塩循環の周期が1200年だとすれば、一度変化した循環は相当期間継続するはずです。また、現在の急激な変化は今直ちに熱塩循環に反映しなくても、1000年後には大きな変化となって現れる可能性もある。そうだとすると、海洋の諸過程はもっと長時間軸の気候変化に影響を与えうる、と視ることができるかもしれません。

エルニーニョ南方振動（ENSO）

エルニーニョとは元々ペルー・エクアドル沖に出現する暖海流につけ

られた名前で、この海流はわずか数週間だけ流れます。それは通常クリスマスの期間に起こるので、この地の漁民がキリストの子供時代の名をとってエルニーニョと呼びました。この名前は最近になって別の意味を持つようになりました。研究者たちによって、この地域で２～10年毎に現れる海洋循環のおおきな変動にこの名が用いられるようになったからです。この大きな海洋循環は熱帯大気循環に大きな変化をもたらし、熱帯や中緯度の広汎な地域に大きな気候変動を起こします。

海洋で起こるエルニーニョ現象が大気にどのような影響をもたらし、気候を左右するのでしょう。それにはまず赤道太平洋での対流圏の循環をみておくべきです。赤道太平洋西部は地球上で最高の海表温度をもちます。それは大気対流が強いところでもあります。ここでうまれた上昇気流は上空で分かれます。ここでは赤道に沿って東西に移動する成分に注目します。太平洋を東へ向かう気塊は南米の西海岸、アンデスの手前で下降します。この循環は表面の東からの風となって完結します。これは南米やアフリカをこえる対流によってできる小さな渦と結合しています。対流の上昇域では多雨であり、下降域は乾燥です。循環の渦は海面気圧分布に変化をもたらし、熱帯太平洋の西部と中央/東部間に気圧差ができます。西部の気圧が低いときは東部では高く、その逆の場合もある。海面気圧のこの変化を南方振動といいます。

対流圏の動きに対して赤道太平洋ではどうなるでしょう。東岸から中央部にかけての東風によって、西向きの海流がうまれます。このために海洋西部での水塊が上昇し、暖水塊が西太平洋に蓄積します。西部と東部とでは、数メートルの海面差が生ずるのです。これを補うために東部では冷たく栄養分に富んだ水が湧昇してきます。これが通常のパターンとすると、これがもっと強くなる場合があります。東風が平常時よりも強くなり、西部に暖かい海水がより厚く蓄積する一方、東部では冷たい水の湧き上がりが平常時より強くなります。このため、太平洋赤道域の中部から東部では、海面水温が平常時よりも低くなる。これをラニーニャ（La Niña）現象と云います。

それでは通常よりも東風が弱いときにはどうなるでしょう。この場合は西部に溜まっていた暖かい海水が東方へ広がるとともに、東部では冷たい水の湧き上りが弱まります。このため太平洋赤道域の中部から東部では、海面水温が平常時よりも高くなる。これをエルニーニョ（El Niño）現象とよんでいます。ラニーニャにもエルニーニョの場合にも、気流の変動：南方振動が関係しているから、この一連の現象をEl Niño－Southern Oscillation：ENSO（エンソ）とよびます。赤道太平洋に限れば、ラニーニャ時では栄養分に富んだ冷水がこの領域を占めるために、豊漁となる。その逆にエルニーニョでは大不漁です。また上昇気流域が通常時よりも東へ移動することが注目すべき点です。

ENSO（エンソ）と気候変化

エンソは単に赤道太平洋域の気候を左右するだけでなく、地球の中緯度地帯をはじめ、高緯度地域の気候にも大きな影響を及ぼしていることが判ってきました。たとえば1962年冬から1963年春にかけてのラニーニャは北米、欧州、日本を含む東アジアに大寒波をもたらしました。とくに日本では昭和38年豪雪として知られています。いっぽう2009年冬－2010年春のエルニーニョは欧州・北米・中国・韓国・インドで記録的な大寒波だったが、日本では全国的な平均気温は平年よりも高かった。このようにエンソが地球の各地へおよぼす影響は一定ではありません。発生原因もまだ確定的なことは解っていない。そういう根本的な研究と共に、エンソが過去の気候にどのような影響を及ぼしたかにかんする究明も進められています。事実、小氷河期の寒冷気候もエンソで説明できると云われています。このように大気海洋相互作用の研究が進んで、地球システムでのエンソの役割が明らかになることが期待されます。

以上に述べてきた完新世の気候に影響を及ぼす長・中・短時間軸的要因には、様々なものがあることがわかります。それらの要因は二つに大別できるでしょう。一つ目は地球システムに外力として作用するもの；強制で、ここには要因の大半を見ることができます。代表的なものとしては、気候最適期をもたらせた軌道上での地軸傾斜の変化や、中世温暖期の原因であるとされる太陽輝度の変化です。そういう変化はミランコヴィッチ・サイクルの構成要素の一部です。

小氷河期のもっとも有力な原因とされる、太陽黒点や宇宙線強度の変化も同類の強制です。それらは気候システム内の変化とは何の脈絡もなしに起こるものであり、火山噴火も強制です。

いっぽう地球の気候システムに内在すると思われる要素として、ENSO（エンソ）などは代表的なものと云えそうです。完新世の寸前に起こったヤンガードリアス期の原因とされる北大西洋の熱塩循環の変化もこれに分類できそうです。これらが気候システムの他の要素との間にどのようなカップリングを形成して、どういうフィードバックループを作っているかについては、今後の重要な研究課題であると思われます。

では現代の地球温暖化の原因は何に求めることができるのでしょう。第四紀の氷河期をふくむ気候変動や、完新世の様々な気候変動で考えられた原因のどれも、現在の地球温暖化を説明できません。

現在がミランコビッチ・サイクルでの温暖期に当たる時期であるとしても、さらに高温に向かわねばならないような変化はありません。中世のように太陽活動が活発でもありません。まして完新世初期の気候最適期のように、地軸に変化を生じてもいません。

そこで現在の地球温暖化に対応して変動している「地球環境を支配している要因」として、有力な温室効果気体：二酸化炭素（CO_2）が注目される所以なのです。第四紀の氷期、間氷期を通じて、気温変化と同調するように、CO_2は増減を繰り返してきました。しかし、前章で述べたように、第四紀の気候変動の主要因はミランコヴィッチ・サイクルにありました。CO_2は変動の主役ではありません。にも拘らず、何故、CO_2が現在の地球温暖化との関係で検討されるのか。それは嘗て観測されたことのない猛烈な増加速度と、増加量にあります。

3. 現在の地球温暖化と二酸化炭素

地球大気の温室効果気体であるCO_2の急速な増加が明らかになり、19世紀後半から続いている温暖化傾向との関連で、環境問題が議論されるようになったのは、1990年代に入ってからです。温暖化を含む地球環境の問題はエネルギー問題とも密接な関係があり、社会的関心が高いのは当然です。ここで次の二つの点を確認してから先へ進みたいと思います。

まず、大気中のCO_2は19世紀以降増加を続けているが、その原因は人類による化石燃料の大量消費であるという事実です。これを否定する議論は見受けられません。

次に、CO_2は水蒸気と共に重要な温室効果を持つ、という点です。これについては既に第3章で述べました。そして、CO_2と水蒸気とでは、物理的性質が異なるため、両者を同列に論じるべきではない、ということもすでに述べました。

CO_2研究史

私たちがこの気体に注目したのは存外に古く、200年に近い研究史があります。[17] 地球大気に温室効果があることに気がついたのは、フランスの数学者、フルニエで1827年のことです。彼は惑星の表面温度は二つのエネルギーバランス：太陽から惑星が受ける日射量と、惑星が放出する目に見えない「暗い熱」（赤外線の発見は1800年のことで、早速応用されました）で決まるとしました。1850年代にはイギリスの科学者ティルダンは地球が放射している熱を吸収している（温室効果）のは大気全体ではなく、大気の１％にも満たない水蒸気（H_2O）と二酸化炭素（CO_2）であることを明らかにしました。スウェーデンの物理化学者S・アレニウスはこの温室効果と氷期・間氷期のサイクルを関連づける研究を始めました。これは同僚のホグボルンが空気中のCO_2濃度が過去には異なっていたのではないか、と考えたことに触発されたようです。そして様々な計算からCO_2濃度が半減すれば気温は４～５度も低下し、逆に1895年の倍になれば５～６度も上昇するとしました。当時、地球温暖化は寒冷な気候下にある北欧の人達からはむしろ歓迎されていたという側面もあったようです。

アレニウスの研究はその後忘れられていました。しかしその間水蒸気やCO_2の温室効果について、20世紀の物理学はそのメカニズムを明らかにしていました。1957年にレヴェルとスースが放射性炭素年代測定から、大気CO_2が海に溶け込むまでの時間（滞留時間）を求めたことから、ふたたびCO_2の変動に関心が集まりはじめたのです。これがキーリングによって1958年から始められたCO_2の経年変化（キーリング曲線）の研究へと発展しました。自然界におけるCO_2の変化が気候を変えうるというアレニウスの主張には反論の余地はありません。大気CO_2による温室効果についての長い研究の歴史のなかで、今私達は地球温暖化という現実に遭遇したのです。そこでCO_2の増加に温暖化の原因を求めるのは、きわめて自然な流れだと云えます。

キーリング曲線

キーリングによって始められたハワイ島、マウナロアでの継続的測定によって、大気中のCO_2は季節的変動をともなって毎年確実に増加していることを、私たちに教えてくれました。このキーリング曲線（図2-5）は地球環境問題を議論するときのもっとも重要な基礎的情報とも云えるでしょう。このポイントは、大気中のCO_2は1958年の測定開始時には315ppmであったが、2014年には一時的に400ppmを超え直線的な増加を示している点です。

もう一つの重要な点は１年を周期とする規則的変動です。ハワイが位置している北半球の夏季（６～10月）では、光合成によるCO_2の吸収が呼吸や分解による放出を上回るので、大気中のCO_2量は減少します。冬季にはこの関係が逆転するのでCO_2量は増加します（第2章参照）。ハワイでの連続観測が始まってから今日までに、大気中のCO_2は25％以上も増加しているにも拘わらず、年周期変動は変わりません。このことから、大気中のCO_2量を吸収する側からみると、緑色植物による光合成は非常に重要な因子であることを改めて認識させられます。

第四紀氷河期のCO_2濃度の変化

南極大陸の観測基地のひとつであるボストーク基地で、1980年代から1990年初頭にボーリング作業が行われ、およそ40万年前までの試料についての研究が行われました。その結果、気温とCO_2濃度との間にはおおきな相関があることが分かったのです。図には示していませんが、メタンガス濃度の変化もCO_2の変化と調和的であることも確認されています。ボストークのデータによれば、21000と11000年前（最終氷期）の間、大気のCO_2はおよそ200ppmから280ppmという工業時代前のレベルにまで変化していました。一方、CH_4は約350ppbから650ppbにまで増加している。近年のCH_4濃度は1700ppb（1.7ppm）です。

この観測結果によって、強い温室効果をもつCO_2と気温の関係が数十万年前の氷河期にまで拡張されたのです。これが現代の人類の活動によるCO_2排出を懸念する意見を、つよく後押ししたことは言うまでもありません。その後、データの詳細な解析が進み、またボストーク以外の他の観測基地からも多くのデータが発表されました。そして観測時間も

80万年前にまで拡張されました（第４章、図4−3）。こうして気温変化とCO_2濃度との間の見事な一致は、CO_2がいかに重要であるかを認識させました。そのためか、CO_2濃度が気温を変化させる唯一の要因であるかのような錯覚を覚えさせたのかもしれません。

いっぽう観測データが充実してくると、CO_2の増減が気温の上下変動を支配するものと思われていたことにたいして、逆の観測事実も明らかになってきました。つまり気温の上昇がCO_2の増加に先行すると思われる結果が得られたのです。前章でも述べたように、これは特に驚くにはあたりません。

第四紀の氷河活動をともなう地球の気温変化はミランコヴィッチ・サイクルによって納得のいく説明が得られています（第４章を参照）。ミランコヴィッチ・サイクルによってCO_2量が変動し、その変動が気温を変化させているのではありません。気温の変化がCO_2量を変化させていたのです。しかしCO_2量が気候システムの要素としてではなく、強制的に変化したら環境はどのように応答するのでしょうか。

現在のCO_2濃度変化

現在、地球大気のCO_2は2013年から2014年の１年間では2.9ppm増加したし、1958年からの平均では年間1.45ppmの割合で増加していて、2016年の年平均は400ppmを超えるものと思われます。私たちは過去の氷河活動が盛んであった時代にも、急速に増減したことを知っています。では現在のCO_2の増加と、氷河期の増減とを比較すると、何が見えてくるでしょうか。

図4−3で寒期から暖期へと変わるとき、急速な気温上昇とともにCO_2も顕著に増加しています。特に、13万年前（リス氷期の終わり）頃と、１万５千年頃（最終氷期）の増加が著しい。そこで最終氷期終了時の１万５千年前頃のCO_2の変化について時間軸を拡大してみると、図5−

3aのようになります。3000年間で40ppm足らずの増加です。年毎の変化は一様ではありませんが、直線的に増加したとみなして、現在のCO_2増加と比較しました。これが図5-3bです。

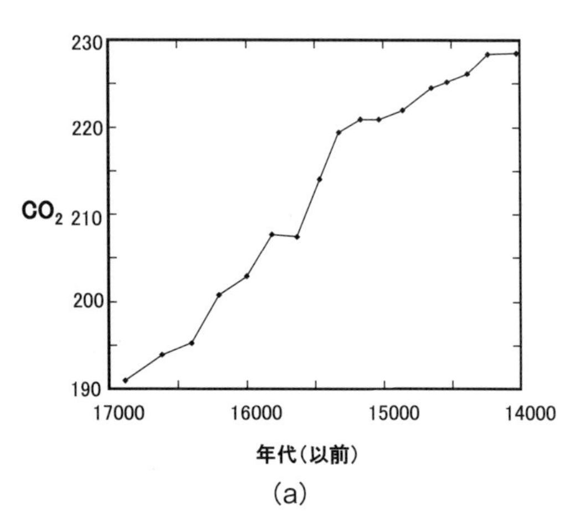

(a)

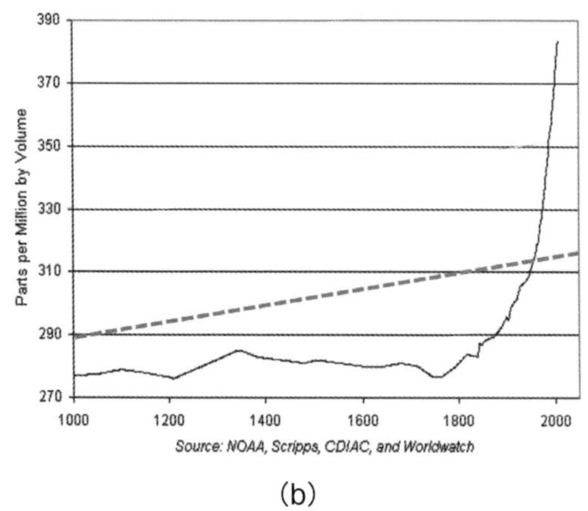

(b)

図5-3　CO_2濃度変化の比較

(a) 最終氷期　1万7千年から1万4千年前までのCO_2濃度の変化
(b) 過去1000年間のCO_2濃度の変化（実線）。点線は(a)から得られる最終氷期の変化速度を比較のために示した。
IPCCのデータによって著者が作図した。

もし現在のCO_2増加がこの点線で示す氷河最終氷期と同じような増加率であれば、ほとんどの人が「大気中のCO_2が増加している」ことに気がつかなかったか、たとえ気がついたにせよ、それが重大な問題だという認識は生まれなかったに違いありません。氷期から温暖期へと気候が変化しているときの大気CO_2濃度の変化を地質学的時間スケール（図4−3）で見れば、急激な変化に見えても、私たちの歴史感覚に近い1000年をカバーする時間軸（図5−3b）では、その変化は微々たるものでしかありません。まして、100年程度の時間軸であれば、その変化はほとんど感知できない程度なのです。このことからも現在進行中のCO_2増加が如何に過激であるかが判ると思います。

第四紀、氷河活動が活発であった時代のCO_2濃度の変動はここに明らかにしたように、現在の変動に比較すれば微々たるものでした。しかし、微々たるものであるほうが本来の姿なのです。現在、私たちが直面しているCO_2の増加の速度は人類がこの地球に登場した新第三紀はおろか、おそらく白亜紀以降、いかなる生物も経験したことのない猛烈なものなのです。このCO_2の増加は私達、人類の活動に依るものです。私達は地球に対してとても非道いことをしているのです。

現在の温暖化の速度

二酸化炭素の増加速度だけでなく、現在の温暖化の速度を氷河期の気温変化と比較しおきましょう。先ず、20世紀での「世界の年平均気温の推移」（図5−4a）によって、現在の温暖化の事実を確認します。これをみるとCO_2の増加の場合と違って、気温は一様に上昇してはいません。1910年辺りの低温傾向、1940〜1970年と2000年以降には気温上昇の休止期が認められます。これらは気候の経年変化を視るとき、必ず現れる摂動です。

この「現代の温暖化」について、もう少し詳しく調べてみます。並べて示した図5-4bの点線は20世紀の気温増加（図5-4a）を直線で現したものです。この100年間で0.74度の上昇だから、1年では僅か0.0074度の上昇に過ぎません。この「温暖化」を氷河期で繰り返し起こった気温

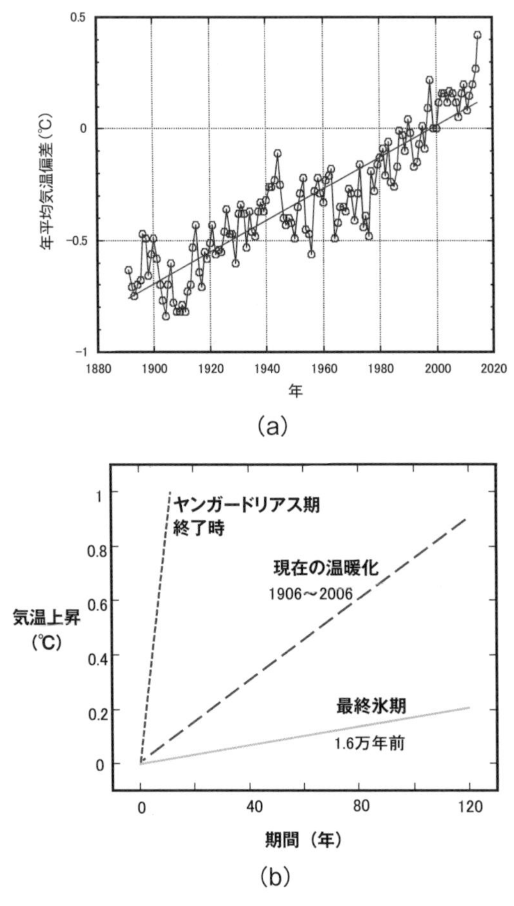

図5-4　現在と氷期の気温変化

（a）1890年以降の気温変化 縦軸は1981～2010年平均からの差を示している。気象庁のデータによって作成した。

（b）現在と氷期の変化

IPCCのデータによって作成した。

の上昇と下降が急速に起こったウルム氷期の、いわゆる最終氷期の最寒冷期が終わりを告げた1.7～1.4万年の気温上昇（図4-4）のおよそ1.5万年辺りの気温変化）と比較してみます。この図の元のデータ（ICPP報告書）から1.7～1.4万年前の3000年間の変化を調べると、およそ6度の上昇であることがわかります。この上昇はCO_2の場合と同様に直線的なものではありませんが、敢えて直線で近似させ、これを100年の時間軸上に再現したものが図5-4bの実線です。1年当たりでは0.002度以下で、これは「現代の温暖化」の3分の1以下の速度であることが判ります。これで見ても解るように、80万年という時間軸ではとても急激な上昇に見えた気温変化（図4-3）が、100年程度の時間軸上ではまったく違った印象を与えています。ちなみにヤンガードリアス期の終了時の過激な気温上昇も書き入れました。

最終氷河期ウルム期、ヤンガードリアス期、そして現在の気温上昇、CO_2増加を表5-1にまとめておきました。注目すべきは、ヤンガードリアス期のCO_2変化です。気温のほうはわずか100年で7度以上もの増減があったのに、CO_2はほとんどその影響を受けずに、完新世へ向けてゆっくりと増加しました。このことから、急激な気温変化にCO_2は応答できなかったことが分かります。現在の急激なCO_2の増加にたいして、地球はどのように応答しているでしょうか。筆者にはヤンガードリアス期の逆の現象；急激なCO_2増加に対して気温上昇の応答が遅れている、

表5-1　氷期と現在の気温とCO_2の変化速度の比較（100年あたり）

	気温（℃）	CO_2（ppm）
ウルム第4氷期1.7～1.4万年	0.17	1.5
ヤンガードリアス期開始期	−6	変化なし
ヤンガードリアス期終末期	7.4	1.88
現在	0.74	147

が起こっているように思われます。

温暖化の主要因：二酸化炭素（CO_2）

およそ総ての地球環境に関する指数で、CO_2濃度だけが驚くべき速度で増加しているのです。人類が狩猟採取の段階にあった時、単に生物圏の一員であったのですが、農耕生活を開始し、やがて都市が誕生するに至って、地球史は新たな段階に入ったと云えるのかもしれません。所謂、人間圏の成立です。人類が生物圏をはじめ、他の地球サブシステムに働きかけて、物質とエネルギー循環に格段の量的拡大を推し進めたのです。しかし、そのことによって顕在化したのが、CO_2の増加であり、核実験や原発によって放出される核廃棄物であり、生物多様性の喪失などです。他の生物から人類を観察すれば、ネガティヴな評価しかなかろうという事実は残念至極です。

CO_2に注目すべきもう一つ理由があります。地球は第四紀に入って以来、258万年の間には様々な気候変動を経てきました。氷河期と間氷期とが交互に訪れた気候変化がミランコヴィッチ・サイクルによることが明らかになった今、気候変化の主役としてCO_2が注目されるのは、おそらく現在進行中の地球温暖化が初めてなのです。そしてこれまでの気候変化はヤンガードリアス期を除けば、どんなに早くても数千年以上、ふつうは数万年の時間軸上で発生してきました。だから100年程度で起こっている現在のような気候変化に遭遇するのは、これもまた初めてのことなのです。このことがCO_2について観測される様々な事実にたいして、どのように理解すべきか、様々な混乱が生じているのであって、これはやむを得ないことかもしれません。異常な速度で増加するCO_2と、それに比較して緩慢な気温上昇という現象の本筋・大筋を見失ってはいけないと思います。

CO_2増加にたいする気候システムの応答

ここまで述べてきたことを地球システムではどのように考えることができるでしょうか。地球気候システムにおいてCO_2は温室効果という大切な役割を果たしていると考えられます。事実、地球気候システムの安定性を考えるとき、CO_2、気温、緑色植物の３つの構成要素について、負のフィードバックループが成り立っています（図5-5）。このCO_2は気圏、水圏、および生物圏を循環しているものであって、その増減は他の要素（気温、緑色植物）との関連で決まってくるものです。例えば、光合成が猛烈に活発で、大気のCO_2が減少したため、温室効果の低下が心配されるような事態になったとします。そうなれば、やがて訪れるであろう低温状態が緑色植物量を減少させて、光合成も不活発になり、次第に大気中のCO_2は元通りになることが期待できます。ここではCO_2は明らかにシステムの構成要素として働いています。このような変化はCO_2が１万年もかかって100ppm程度増減した緩やかな場合です。この時間軸は私たちに氷河期を思い出させますが、氷河期の変化はミランコヴィッチサイクルによるものでした。この場合では、CO_2の変化は温度変化に対応したもので、摂動（乱れ）や強制に依るものではありません。

さて、現在の急激なCO_2増加を地球システムでどのように位置づけることができるでしょうか。現在増加しているCO_2のほぼすべては私達が消費している大量の化石燃料に由来するものです。これに応答するかた

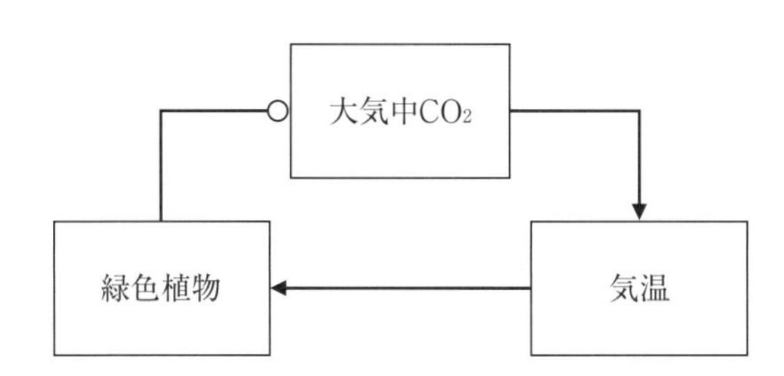

図5-5　大気中CO_2、気温、緑色植物のフィードバックループ

ちでの気温変化は、第５次IPCC報告書によれば、産業革命後の1880年から2012年までの間に、地球の表面温度は0.85度上昇した。海洋は人為起源のCO_2の30％を吸収した結果、酸性化が進行している。また1992年から2005年の間に、3000メートル以深の深海で水温が上昇している。そして予想される今世紀末までに予測される気温上昇は0.3〜4.8度と述べています。

では地球気候システムにおいて、化石燃料に由来するCO_2はどういう存在なのでしょうか。化石燃料を作っている炭素も嘗ては生物圏に存在していたし、当然のことながら気圏、水圏などの流体圏を循環していました。それが石炭や石油となって、岩石圏へ移行して、そこで数千万年から数億年を経過したのです。これから私達がおおきなエネルギーを取り出し、同時に大量のCO_2を大気中に放出しました。

この化石燃料に由来するCO_2は地球気候システムを構成している要素に含まれるものでしょうか。私は含めるべきでない、と考えます。何故なら、化石燃料の炭素はかつて確かに生物圏に存在していました。しかし化石化する過程を経て、岩石圏へ分離されて以降、数千万年以上も経過しています。もし何事もなければ、そのまま岩石圏に留まり続けたに違いない。人類がこれを採掘して、燃焼させることは、地球システムにとっては想定外のことであったと云えるでしょう。勿論、地殻変動によって、化石燃料が地表へ露出して、酸化される場合もあり得ます。しかし、その量はたかが知れたものです。

化石燃料の燃焼によるCO_2の発生は、地球システムの構成要素にはなかったものです。謂わば強引に地球システムへ乱入してきた侵入者です。したがって、5-5図では３つの構成要素とは別に「化石燃料に由来するCO_2」などと、摂動要素として、別に区分すべきです。

第１章のデージーワールドでいえば、適量のデージーによって温暖な気候をもたらすようなアルベドが保たれていたところへ、別の惑星からやってきたインベーダーが大量のCO_2を吹き込んだのです。突然に大量の温室効果気体出現という予想もしなかった事態に、デージーワールドは大混乱に陥ったことでしょう。そこではデージーの面積が増加することでCO_2を吸収して、気温上昇を防いだと想像されます。けれどもデージーの活躍にも限界があります。その限界を超えてCO_2は増加しつづけたか、あるいはそうなる前にインベーダーが退去して、CO_2の流入が止まって、デージーは息を吹き返したのでしょうか。このようにデージーワールドではCO_2は明らかに「強い摂動」として作用すると考えられます。

地球システムにおいても現在の急激なCO_2の増加はやはり摂動として働いています。しかしながら、摂動というのは本来、「一時的なゆらぎ・乱れ」の意味です。かなり大きな火山活動でも、噴火後数年も経てばその影響はほとんど収まります。ところが現在のCO_2の増加は人類の化石燃料の消費に原因があり、これを止めない限り増加し続けるのだから、「摂動」ではなく、「強制」と考えるべきです。

この強制にたいして、気候システムは気温上昇という正のフィードバックで応答しました。石灰岩形成や珪酸塩風化によって、CO_2の吸収機能が作動して大気中のCO_2が吸収され、気温上昇が阻止されるというメカニズムは負のフィードバックです。おそらくこの効果が顕われるまでには数万年以上の時間を要すると思われます。私達はそんなにのんびりと待てません。

CO_2が強制としてシステムに作用するのですから、これを取り除いたり、抑制することは、時として不可能な場合があります。例えば、ミランコヴィッチサイクルによって日射量が上がったために、気温が上昇して大気のCO_2も増加したとします。この場合、緑色植物の活動によってCO_2が減少し、そして気温が低下することも期待できます。けれども、そういうことが起こるには千年以上、いやもっと長い時間軸が必要です。

しかし第四紀氷河期の気温変化から判ったことは、そのようなフィードバックループが作動する前に、太陽活動が変化しました。本質的には太陽活動が正常に戻る、摂動は一定時間が過ぎて消滅したことによって、元に戻ったのです。

では人類の手による「強制CO_2」にたいしては、なにか有効な手立てはあるのでしょうか。100年以上もの間、「強制CO_2」は作用し続けてきたのですから、瞬時に解消するような特効薬を求めるのは困難に思われます。それでも、2011年以前のCO_2対策の決め手とされていたのは原子力発電（原発）でした。これこそCO_2を排出しないエネルギーだというわけです。勿論、原発推進には疑問視する意見も多くありました。

4. 2011年3.11以前の原発推進派

2011年3.11に発生した東日本大震災以降、日本を巡る風景は一変してしまいました。被災した人々、地域への支援、復旧の施策は最優先課題ですが、ここではエネエルギーの問題に焦点を当て考えます。3.11以前のエネルギー問題はCO_2対策とほぼ同義語でした。そしてなかには実現の可能性が極めて疑わしいような到達目標を掲げた指導者もいました。その実現可能性を疑うことよりも、私たちにはCO_2削減が最重要課題だという認識がありました。そのためには原発の推進も已むなし、とする意見も相当強かった。これについて地球科学者たちのなかには、その危険性、とくに日本列島での原発設置の危険性を説いていた人達がいましたが、意見の主流には成り得ませんでした[20]。ここではそういう考えを再録するのではなく、逆に「CO_2削減のためには原発の推進」を主張した有力な意見について、検討を試みます。

2011年3.11から５年が経過した今日、フクシマへの反省や事故の総括もないままに、原発推進派はゾンビの如くに復活しつつあります。あたかも第二次大戦の大敗の責任を逃れて、戦後日本社会の上層に留まった政治家、官僚の如くにです。

ラブロックの考え

地球の創生以来の環境変化を考察し、現在の急激なCO_2増加による地球温暖化の危険性を説いているJ.ラブロック博士はガイア説の提唱者です。意外なことに、彼はいくつもの著書のなかで、「CO_2削減のためには原発の推進」も已むなしとする意見を述べています。そのうち2006年「ガイアの復讐」第５章「エネルギー源」[21]では多くの紙数を割いて、この問題を論じています。まずは彼の主張を聴きましょう。

「近代文明を支えるのは電気エネルギーであり、とくに21世紀にはその重要性は増えていくが、これを作り出す手段として、現在では化石燃料である石炭・石油が主流である。これらはCO_2の主要な排出源である。天然ガスへ切り替えることでCO_2排出量がおよそ半分になる。しかし、採掘から消費の間に起こる「漏れ」はCO_2より強力な温室効果気体を大気中に放出するから、CO_2削減のためには万全ではない。水素を直接燃焼する、あるいは燃料電池はCO_2を全く排出しないが、取扱い上の問題点が克服されていない。」

再生可能エネルギーとして、風力、波力、潮汐、水力、バイオマス、太陽光などがある。ヨーロッパでは風力の利用率は高まりつつあるが、安定供給が困難である事、コストが高いこと、景観を損ねる、などの問題点を指摘して、

「…彼らはクリーンなエネルギーというロマンチックで実行不可能な夢とともに、原子力エネルギーへの根拠のない恐怖を抱いており、

ガイア、つまり自然界に対しての共感は非現実的なものにとどまっている。われわれは波力エネルギーや潮汐エネルギーの利用に努める方が賢明であろう。」

として風力よりもむしろ波力や潮汐エネルギーの利用に期待を寄せています。

バイオマスについては

「良識的に、つつましい規模で使うなら、熱やエネルギーを得るために木や農業廃棄物を燃やすのは、ガイアにとって脅威にはならない。しかし燃料用作物の収穫が大規模経営で行われれば、バイオマス燃料も脅威になるということをわれわれは心に留めておかねばならない。」

としている。

太陽光利用の最大の問題点は

「…太陽光が常に強く照りつける砂漠地帯に大規模な太陽光エネルギープラントを建設しても、それがコストや信頼性の点で原子力エネルギーに匹敵するとは思えない。」そして再生可能エネルギーのなかで不都合な点のない唯一の例外は、地熱エネルギーだ。このエネルギーはどこでも自由に利用できるというわけにはいかない。アイスランドは地熱エネルギーを利用できる数少ない場所のひとつで、それによってエネルギー需要のかなりな部分が賄えている。しかし、地熱エネルギーはおもに岩石中の放射性元素によって生じる熱から得られるものなので、太陽エネルギーと同じく、元をただせば原子力だ。」

我が国は日本列島の成り立ちの経緯を知ったうえで、私達は地熱エネルギーの利用にもっと熱心であるべきです。ただし、この最後の文章はおよそ科学者のものとは思えないナンセンスさです。

ラブロックの原発推進論

コスト、安定供給などの側面よりも、ラブロックが原発を推奨する理由に安全性があります。多くの人はそんな馬鹿な、と思われるでしょうが、我慢して彼の主張に耳を傾けましょう。彼によれば、

> 「放射性核種による深刻な汚染を受けた場所には、野生生物が豊富に生息している。チェルノブイリや太平洋の核実験場、第２次世界大戦の核兵器工場のあったアメリカのサバナリバー周辺の土地、すべてがそうだ。彼らの寿命は少々短くなるかもしれないが、それも人間とそのペットの存在ほど危険ではない。今、人間があまりにも多すぎること、…はすべての野生生物とガイアにとって有害だということ…」。
>
> 「化石燃料より原子力が目立って優れているのは、廃棄物の処理がきわめて容易だという点である。化石燃料を燃やすと、年に270億トンの二酸化炭素が発生する。前述したように、固めれば高さ約1600メートル、ふもとの外周19.2キロメートルの山ができあがる量だ。同じ量のエネルギーを核分裂反応から得ると、廃棄物は200万分の１で、１辺16メートルの立方体におさまる。二酸化炭素は目に見えないが極めて有害なので、もし排出が野放しにされれば、ほぼすべての人間の命を奪うことになる。一方、処分場の穴に埋められた放射性廃棄物はガイアにとって何の脅威にもならないし、愚かにもその放射能にわざわざ自分の身をさらそうとでもしない限り、危険はない。」

そして原子力は安全、ないしは無害だとする記述が続く。たとえば、冷戦時代の米ソの核実験については

「これらの膨大な爆発実験から興味深い影響がいくつか生じている。世界中の大気の中に、チェルノブイリの惨事二回分がまる一年間毎週起こるのと同じくらいの放射能がまき散らされたのだ。成層圏の風が放射能を帯びた破片類（粉塵、エアロゾルを指すものと思われる）を世界中に運び、われわれは皆、核分裂生成物をセシウム137やストロンチウム90、不発のままのウランの形で吸い込んだ、あるいは飲み込んだ。まもなく世界中のあらゆる人々の骨にストロンチウム同位元素の存在が確認できるようになった。これらの実験やその放射性降下物によって人類がどのような害を被っても、そのせいで寿命の漸進的増加が妨げられているという確たる証拠も理論的結論もない。…（以下略）」

として、

チェルノブイリ事故にかんしては、

「…メディアや反原子力活動家が癌死のリスクを語りたがるのは驚くにあたらない。平均寿命が数時間失われる話よりもそのほうが話として面白いからだ。意図的に欺こうとする発言を嘘と定義するなら、チェルノブイリで莫大な死者が出たという執拗な繰り返しは、影響力の強い嘘といえよう。」そして、「さまざまなエネルギー源の安全性の比較については、もっと信頼できる有益な評価が、スイスのポール・シェーラー研究所から2001年に発表されている。」

として、表5-2を示しています。

表5−2　1970年から11992年のエネルギー生産業における死者の状況
（ラブロック著「ガイアの復讐」175ページによる）

燃　料	死亡者数	死　者	テラワット年あたりの死者
石　炭	6400	労働者	342
天然ガス	1200	労働者と一般市民	85
水　力	4000	一般市民	883
原子力	31	労働者	8

たしかに、原子力が他のエネルギー源に比較して圧倒的に死者が少ない。これをみると、ラブロックの主張：「ではチェルノブイリによって莫大な犠牲者が出たという誤った主張はどこからでてきたのだろうか。それらはほとんどが放射線生物学上の事実を誤って解釈したことから生じている。」というのが本当のようにも思われるが、そうだろうか？表5−2にはチェルノブイリ事故の死者も入っているはずだが、僅か31名なのか。ところがラブロックはこの記述の前に「…多くの人々は、チェルノブイリ事故で百万人とはいかないまでも幾万もの人々が命を落としたと考えている。しかし、あとで見ていくように、チェルノブイリの死者は75人にすぎない。」としている。死者の数については、いずれも正しくないが、彼が言いたいのは発電量当たりの死者は原子力がもっとも少なく、つまり一番安全だということなのです。

間違ったデータによる論考

いまさらラブロックが引用しているデータの何処が間違っているかを指摘することすら愚かしいと思われますが、念のために。

当時のソ連政府の発表による死者数は、運転員・消防士合わせて33名だが、事故の処理にあたった予備兵・軍人、トンネルの掘削を行った炭鉱労働者に多数の死者が確認されています。事故処理に当った軍人・消防隊員のうち、作業で2200人が死亡したほか、「チェルノブイリ事故による放射線被曝にともなう死者の数は、今後発生するであろうガン死も含めて全部で4000人」という数字が出ている。これは、2005年９月にウィーンのIAEA本部でチェルノブイリ・フォーラムの主催で開催された国際会議において公式発表されたものであり、この数値は信頼できると思われるので、これを採用します。

これで明らかなように、ラブロックはチェルノブイリ事故で直接事故処理に当って死亡した人だけを数えているのであって、事故処理後に死亡した人数を考慮していません。事故後に多発した甲状腺がん（とくに子供たち）の犠牲者も入っていません。そういう犠牲者はチェルノブイリ事故とは無関係だとする考えは受け入れ難いものです。したがって原子力が安全であるという論拠は破産していると云わざるを得ません。

科学研究に携わる者にとっては、日常的、常識的思考から飛躍した閃きはとても大切ですが、通常は信頼に足るデータに基礎をおいた推考が尊重されるべきです。ガイアという新たな概念を提起したラブロック博士も原子力の安全性については、大きな過ちを犯したと云わざるを得ないのです。なお、彼が原子力は安全であると主張するときに用いた論拠：放射性核種による深刻な汚染を受けた場所には野生生物が豊富に生息している、という点について、ここで真剣に反論するのは大人気ないので、止めます。

原子炉から排出される放射性物質の量は化石燃料から排出されるCO_2に比べれば圧倒的に少量であるから、という理由で原発を支持しています。しかし、量の多寡だけが得失を論ずるときの判断基準なのでしょうか？ $CO_2$１トンと原子力発電に使われた使用済み核燃料１トンとを単純に比較できません。少量でも極めて大きなエネルギーを発生する、危険なのが放射性物質です。それらを長期にわたって、安全に貯蔵できる場所が何処にあるというのでしょうか。

原発と日本列島

ラブロック博士が原発について見落としたもう一つの重要な点は、地震によって原子炉が破壊される可能性でした。もし彼が日本列島のような変動帯に生まれ、育ち、生活していたなら、けして安全だとは云わなかったに違いありません。地震などの自然災害にたいする原発の安全性について、ここで改めて論ずる必要はないと思われます。[21] 地球科学を学んだもの、とくに日本列島についていささかでも研究した者として発言すべきことは「世界有数の変動帯に位置している日本には、原発の適地はない」。これに尽きていると思います。もうすこし蛇足を並べるならば、以下のようなことでしょうか。

二つのプレートが接しているところではエネルギーが蓄積し、やがてそれは何らかのかたちで放出される。このために地震が発生し、火山活動も活発です。このような場所を変動帯と呼んでいます。日本列島にはユーラシアプレート、太平洋プレート、フィリピン海プレート、そして北米プレートと四つのプレートが関係しています。多くの場合はその中の２つのプレートが線で接している。三つのプレートが接しているところを３重会合点と呼んでいます。ユーラシアプレート、フィリピン海プレート、北米プレートが一点で交わっているところが、首都・東京からわずか100キロ以内の伊豆・箱根地域なのです。また九州中央部、四国北部、紀伊半島を通り、知多半島から北東へ延びて、糸魚川・静岡構造線へ合流する中央構造線は世界でも有数の活断層です。日本列島には大小、様々な規模の断層線が数多く識別でき、その多くは現在も活動が確認されている。[22] 日本列島の火山分布については、今更述べるまでもなく、典型的な島弧火山帯です。地震と火山が集中するところを変動帯と呼び、地球のきわめて限られたところに帯状に連なっています。

日本の50基を超える原発は総て変動帯に位置していることは言うまでもありません。このような無謀ともいえる施策を行っている国は、日本以外にはほとんど無いのです。しばしば活断層を避ければ、安全性が確保されるかのような議論がありますが、これも及第点の答案とは言えません。すべての活断層にはその活動が始まった時点があったはずです。その最初の地震が起こった時には､そこには活断層などなかったのです。隠れた活断層、未知の活断層などというのは、単に言葉の遊びに過ぎません。変動帯にあっては活断層から離れているからと言っても、安全とは言えないのです。まして、たかだか数キロ離れている程度では気休めにすらならないと思います。

最大の原発大国アメリカ合州国（現在104基ある）でさえも、変動帯であるカリフォルニア州には僅かに7基で、稼働中のものは4基あるだけです。発電用原子炉の設置場所だけが問題なのではありません。使用済み核燃料や放射能を帯びた廃棄物の処理施設を変動帯に建設して、それらを安全と断言できる根拠は見当たらないのです。

科学研究の成果を私たちの社会生活に生かそうとする姿勢があるならば、原発の建設は変動帯を避けるのは当然のことと云えます。電力の多くを原発に依存しているフランスの人達も、日本のような変動帯での原発の設置には賛成しないに違いないでしょう。そしてアメリカでは原発からの撤退が相次いでいます。その理由にコスト高があると云われています。そこには近年のシェールガス開発が関係しているとしても、この変わり身の速さは見習うべきだと思います。そこで私たちもこの「日本列島」をもっと大切にしたいと思います。これ以上、放射能をまき散らすという愚かな行為をいま直ちに止めましょう。日本が原発を稼働させることは反人類的、反生物的行為だと私は考えます。[23, 24]

原発から撤退して、このまま化石燃料を消費し続けるなら、これまで強く主張しているCO_2排出を削減するという大目的の達成はできないではないか。その通りです。原発を止めろ、化石燃料も使うな、と要求するのであれば、必要なエネルギーの供給をどうするのか。このような反論は当然とも云えます。それに対して私は以下のように答えます。

先ず原発から撤退する。これが最優先課題です。同時に炭素を燃焼するさいに発生するCO_2を発生源で回収する、あらゆるクリーンエネルギーのコストを下げ、かつ安定供給を可能にする、などのための研究開発に大幅な予算を計上し、国家プロジェクトとします。水素ガス利用をはじめ、燃料電池の研究・開発も当然含まれます。いわばエネルギーにかんするコペルニクス的大転換をめざすのであり、この大戦略が達成するまでは、石炭、石油への依存はやむを得ない。ただし、この期間でも可能な限り天然ガスなどに切り替えて、すこしでもCO_2排出量を減らします。これを成功させることができれば、地球環境保護、健康なガイアを取り戻すという最重要課題に、我が国は大きな寄与をなすことになるでしょう。

5. CO_2低減への提案

私たちが大量のエネルギーを消費するようになった産業革命以降、化石燃料の大量消費が大気の組成にこれほどまでに大きな影響を与えているとは、私たちは20世紀の後半になるまで気がつきませんでした。しかし、そのような可能性があることは、19世紀末に大気中の温暖化気体としてのCO_2について研究していたアレニウスによって予言されていたのです。彼は「石炭を大量消費すれば、CO_2のレベルは確実にあがり、何千年かの後には大気中の二酸化炭素が倍増すれば、暖かい空と現在より厳しくない環境を生みだし…」とたいへん楽天的な予言をしていました。それはいかにも寒さの厳しい北欧で暮らす人らしい発言でした。しかし、いざ実測データに基づくキーリング曲線（図2-5）を見せられると、これはただ事ではないと思うのが普通の反応でしょう。CO_2が19世紀半ばから顕著な増加を示すより以前の値を280ppmとしても、現在すでにそれから40％以上も増加しているのです。地球のさまざまな環境指標のうちで、過去150年の間、いやたとえ１千年の間のこととしても、40％もの変化を示したものがあるでしょうか。もし酸素が現在の20％のレベルから大きく増減したなら、直ちに地球上の総ての生命体に重大な影響が出てくるに違いありません。

CO_2は化学的には安定な物質であり、空気中の濃度が一定のレベルを超えない限り、人体への直接的被害はありません。その限界は450ppm、あるいは産業革命前、280ppmの２倍：560ppmとされています。これらの数値はどれくらい信頼に足るのかはまったく定かではありません。いずれにせよ、地球大気のうちの温室効果気体：CO_2がこの200年間で40％も増加し、そして将来には２倍にもなって、地球システムが何ら反応しないということはあり得ないことでしょう。

CO_2の吸収源（流出側）

化石燃料の消費によって、年あたり４ギガトン（炭素量に換算）のCO_2を排出すると、大気のCO_2は1ppm増加します。CO_2濃度の許容限界が450ppmとすると、あと50ppmしか残されていません。1997年の排出量は7.9ギガトンだから、30年でこの限界を突破してしまう。これを回避するのはとても無理だ、というわけで、560ppmならばどうか。すると、とりあえずは86年に延長されるという計算は正に机上の空論、愚論です。CO_2排出量は毎年増加していて、これが漸減に転ずるとは思えません。だから、実際にはもっと早くに限界を突破するでしょう。

第２章で炭素のリザーバとしての大気の役割を考察しました（図2-4)。現在、問題なのは、「流入側」がバイオマスの量や活動とは関係なく、増加の一途を辿っていることです。現在の化石燃料に依存するエネルギー消費システムを抜本的に変更しない限り、流入量を減らすことは不可能です。一方、流出側（光合成）についても、楽観的な見方はできません。陸上の森林、とくに熱帯林が伐採によって、大気CO_2の吸収能力は年ごとに減少しています。その結果、大気中に残留するCO_2量は大幅に増加しているのです。この流出側の問題をもう少し検討します。

緑色植物

図2-4では、大気CO_2リザーバの流出側、つまり吸収側も60ギガトンであり、この主役は光合成です。光合成による炭素のリザーバは具体的には緑地、森林です。海洋もCO_2のおおきな吸収源ですが、大気との交換平衡には当面大きな変動がないもの（急速な海水温度の上昇がない）とすれば、安定に維持されるだろうから、いちおう考察の対象外とします。珪酸塩風化、炭酸塩風化は時間軸の長い反応過程であって、地質学的に重要です。これに着目して、私たちの手でこの反応を促進させようとする試みがなされています。これについては後に触れます。

ここでCO_2の吸収源としての緑色植物の役割について、確認しておきます。緑色植物は太陽光をエネルギーとして、水とCO_2から炭水化物を合成します。この光合成を通じて、大気からCO_2は緑色植物に吸収されます。しかし緑色植物が死滅すると、蓄積した炭水化物が分解して、緑色植物に吸収されたCO_2は大気中へ戻り、元通りの状態になるから、CO_2は吸収されたことにはならないという考えがあるようです。光合成過程を化学式だけで見る限り、それは一見正しくみえるけれども、地球史的時間軸の概念が欠落しています。例えば、大型植物が地中に埋もれて石炭になった場合、植物体を構成していた炭素は数千万年ないし数億年間も大気圏と水圏との間の循環を停止して、その間、この炭素は岩石圏に固定されているのです。すべての植物が石炭化するなどあり得ないことです。けれども樹木の平均寿命の間、樹木はCO_2の固定装置としての役割を期待できます。したがって大気循環に関与しないCO_2を増加させ、それらを一定時間固定するために、緑色植物の総量を増やすことはとても有効な手段です。

これにかんしてもう一つ重要な情報の復習をしておきます。それは第2章でふれた図2-5の$CO_2$1年サイクルです。これは北半球、日本での大気CO_2量の年間変動を示しています。現在、これほどまでにCO_2が増加しているにも拘わらず、光合成によって夏季には、冬季に比べて10ppm以上も多くのCO_2を吸収しているのです。これを利用しないという手はない。緑色植物を増やしてやれば、この吸収量はもっと増えるに違いない。そして経年増加量を抑えることができるはずです（写真-7）。

写真-7　ハバロフスク北西約300km、チェグダミン近郊のタイガ（針葉樹林）

伐採や森林火災などで森林が失われると、永久凍土が溶けて沼地や湿地帯ができる。また永久凍土に含まれているメタンハイドレードの融解によって放出されるメタンなどは温暖化を促進するとの懸念がある。熱帯雨林とともに伐採が進む高緯度帯の針葉樹林にも手厚い保護・育成が望まれる。（2007年9月、能田撮影）

森林面積を増やす

ここで注目するのは、短期有機炭素の循環で大きな役割を担っている光合成とその生産物である森林です。森林は人類が狩猟採取段階から農耕生活へと進んだおよそ1万年前には、62億ヘクタールあったとされています。現在の面積は伐採と開発の結果、約40億ヘクタールで（序章、図－1を参照)、そのうちの12.5%、５億ヘクタールは人工林です。森林が陸上でのCO_2吸収の主役であるにも拘わらず、森林面積は減少の一途を辿っています。とくに熱帯林は深刻で、1990年までに熱帯雨林の総面積は先史時代の半分になったと云われています。

この森林が年当たり60ギガトンのCO_2を吸収する主役なのです。実際にはその吸収能力は伐採・開発によって、すでに60ギガトンをかなり下回っています。だとすれば、１万年間に伐採した22億ヘクタールを森林に戻せば、CO_2吸収量を増してやることができるはずです。伐採され、開発された森林は農地、牧草地、ヒトの居住地へと転用されていますから、それらを総て森林へ戻すなどということは無理なことです。そうではなく、伐採後放置されたところ、荒地のままのところは相当な面積になるはずです。そうしたところに森林を回復させることは、CO_2吸収源の回復に直接繋がるものです。

植樹、緑化の大切さが強調される一方で、現在の地球ではこれまでにも増して森林の伐採は進行しています。ボルネオやアマゾンの熱帯雨林が急速に破壊されています。熱帯林の消失速度を正確に把握するのは困難です。が、消失率は1.8%/年に近づいていると考えられています。この割合いで森林破壊が進行すれば、21世紀の25年で残っている雨林の半分が失われると云われています。この意味する点はとても重大です。何故なら、たとえCO_2排出量が現在と同じに抑制できたとしても、吸収量が激減するから、大気中のCO_2量は現在の増加速度よりもはるかに大きくなると考えられるからです。植林によって森林面積の回復を測ることは、単に緑を守るとか、自然を大切に、などといった情緒的なことではなく、より積極的な意味があるのです。

ところで植林によって森林が回復したり、生態系が蘇るなんて、夢物語だと思われていたり、あるいはそれがたとえ可能であっても長い年月が必要だろうし、およそ実現性に乏しいこと、と思い込んではいないでしょうか。そこで、中米コスタリカのことを簡潔に述べます。

コスタリカは1839年に独立した中米の国で、人口は2003年で415万人、面積は51,100㎢ですから、九州より広く、北海道のおよそ66％です。独立当時は国土の95％が森林でしたが、1983年には26％で森林減少率は5万ha/年でした。しかし森林回復の努力の結果、森林減少率は1989年には2.2万ha/年、そして1998年にゼロになりました。そして2011年現在では森林面積が52％にまで回復しました。農業生産に依存するよりも、森林を回復し、失われかけていた生態系を取り戻し、希少生物を保護し、観光に重点をシフトしたのです。しかし回復した森林によるバイオマスだけでは、エネルギー需要に応えることはできません。とはいえ、僅か30年で森林面積を倍増させた決意と努力は大いに評価すべきだと思います。森林の回復は周辺海域の生物相にも好ましい結果が期待できそうです。

コスタリカの成功例は大気CO_2量削減に向けて、植樹、緑化作戦が有効であり得ることを示唆していると思います。しかもその結果は気の遠くなるほど長年月を待つこともなさそうです。CO_2排出を抑制することと、CO_2吸収体である緑色植物量を増やそうとすることは、車の両輪だと云えます。今から始めれば今世紀の中頃には大気CO_2量が減少に向かうという、夢物語が実現するかもしれません。すでにおおくのNPOが緑地・森林の回復に取り組んでいます。このような活動にこそ、補助をすべきだと思います。

CO_2分離回収作戦

「CO_2と温暖化の正体」（原題：Fixing Climate）の著者W. ブロッカーは優れた地球科学者であり、この本で多くのことを私たちに語りかけています。[17] 彼のCO_2低減作戦としては、CO_2分離回収のためのプラントをつくり、集まったCO_2を玄武岩層に吸収させることを述べ、実現の可能性に期待を寄せています。これは長時間軸を要する珪酸塩風化を人工的に進行させて、短期間に大気CO_2を低減させようとする、いわば外科手術的作戦です。しかし１万年かけて進行してきた森林伐採、近年の化石燃料消費の急速な上昇による大気CO_2の増加を、このような手段で性急に解決を模索することに、私は危険、というか居心地の悪さを感じるのです。どのような危険があるかを具体的には指摘できませんが、この作戦によって新たな環境破壊を呼び起こすようなことになりはしないか。たとえばCO_2分離回収プラントの運転によって生ずる生産物、CO_2と玄武岩との反応生成物である玄武岩層には何ら問題はないのか。これは核廃棄物のような長寿命の有害物質ではないにせよ、膨大な量になるはずです。その一方で、この問題、つまりCO_2低減のために森林を強化することについては、ブロッカーは何も述べていません。

　ではCO_2低減のための植樹作戦には、問題はない、そして無害であると断言できるでしょうか？それは判らない。分からないけれど、つい最近に伐採した森林に再び木を植えることは、それ程怪しからぬ行為だとは思えません。最近注目されているバイオマス利用のエネルギー政策も、ここで考えているCO_2低減のための作戦の一環、共同作戦として推進すべきです。同じく20世紀以降、猛烈な速さで伐採された森林を元に戻すことも、生態学の論理に反する暴挙であるとも思えません。人類の手によって伐採され、明らかにそれが原因で砂漠化してしまったところに植樹することは罪悪ではあるまい。

　これに関連して、いささか否定的な見解があります。植樹によって周辺河川の流量が減少するというのです。この観測事実が地球規模で、100年以上の時間軸でも正しいとすると、水資源の確保という点から植樹に万能薬的効果を期待してはいけないことになりそうです。従ってそうした植樹は現在の生態系に何らかの影響があろうことも否定できません。そうなるとコンピュータによるシミュレーションの出番かもしれません。アフリカのナイル川上流域や、チベット高原に広大な緑地が出現し、熱帯雨林の縮小に歯止めがかかったとき、地球気候システムはどのような応答を示すでしょうか。そうした応答は望ましい変化を示唆すると期待したい。現在の生態系は大量伐採の結果なのであるから、植樹によって伐採以前の状態へ近づくかもしれない、という屁理屈もありえます。いずれにせよ、行き当たりばったりのでたとこ勝負では拙いので、シミュレーションによる予測を尊重しつつ、一歩前へ進みたいものです。

私たちの子孫が核エネルギーに頼ることなく、クリーンなエネルギーで社会生活を送れるように、先ずCO_2の排出側を抑制する。そのために再生可能エネルギーにシフトせねばなりません。クリーンエネルギーの開発は最重要課題です。太陽電池の更なる改良と普及、水素エネルギーの利用によって、これは単なる夢物語ではありません。一方でCO_2吸収源である森林を再生すべきです。そうすれば、今世紀の中頃には陸地には緑があふれ、クリーンなエネルギーを使用することで、きれいな空気を満喫できているかもしれません。そのエネルギーは現代のような資源とは違って、紛争や争奪の対象にはなりません。CO_2の増加を阻止し、核エネルギーに頼ることなくエネルギー問題を解決する努力は、戦争のない平和な世界への大きな一歩となる可能性を秘めていると思いたいのです。

注：第5章　1. 完新世での三つの気候変動は原著 第15章 Holocene Clemate changeの、また2. 海洋循環と気候変動は原著第5章　The Circulation of the Oceans1の El Nino-southern Oscillation（ENSO）Eventからの抄訳である。3. 現在の地球温暖化と二酸化炭素、4. 2011年3.11以前の原発推進派、5. CO_2低減への提案　は訳者の書き下ろし論考である。

参考・引用文献

［1］L. R. Kump, J. F. Kasting, R. G. Crane "The Earth System" 1st ed. Prentice Hall 1999, 2nd ed., 2004, Pearson, 3rd ed.,

［2］鳥海光弘ら　地球システム科学　地球惑星科学講座第13巻　岩波書店 1999

［3］住明正ら　地球環境論　地球惑星科学講座　第3巻　岩波書店 1999

［4］中澤高清ら　地球環境システム —温室効果気体と地球温暖化—　現代地球科学入門シリーズ　第5巻　共立出版　2015

［5］伊勢武史　「地球システム」を科学する　ベレ出版　2013

［6］ジム・E・ラヴロック「地球生命圏」（星川淳 訳）工作舎　1984

［7］ジム・E・ラヴロック「ガイアの時代」（スワミ・プレム・プラブッタ 訳）工作舎 1989

［8］佐野有司・高橋 嘉夫　地球化学 現代地球科学入門シリーズ　第12巻　共立出版　2013

［9］B・メイスン「一般地球化学」松井義人・一國雅巳　訳　岩波書店 1970

［10］松井孝典ら　地球惑星科学入門　地球惑星科学講座　第1巻　岩波書店 1999

［11］上田誠也「新しい地球観」 岩波書店　1971

［12］平 朝彦「日本列島の誕生」 岩波書店　1990

［13］丸山重徳・磯崎行雄「生命と地球の歴史」 岩波書店　1998

［14］川上紳一「生命と地球の共進化」 日本放送協会　2000

［15.］田近英一「凍った地球」 新潮社　2009

［16］鳥羽良明ら「海の科学への招待」 東北大学教育学部付属大学教育開放センター　1993

［17］ウォレス・S・ブロッカー、ロバート・クンジグ「CO_2と温暖化の正体」（内田昌男監訳）河出書房新社　2009

［18］GISP2
［19］Vostok Ice Core CO_2 Data NOAA paleoclimatology
［20］石橋克彦「大地動乱の時代―地震学者は警告する」 岩波書店　1994
［21］ジム・E・ラヴロック「ガイアの復讐」（秋元勇己、竹村健一 訳）中央公論新社 2006
［22］藤田和夫「変動する日本列島」 岩波書店　1985
［23］大島堅一　原発のコスト　岩波書店　2011
［24］山本義隆　福島の原発事故をめぐって―いくつか学びかんがえたこと　みすず書房　2011

あとがき

1999年４月に私はそれまで勤務していた京都産業大学を辞して、熊本大学・理学部に新しくできた環境理学科に着任しました。新しいとはいっても、その当時全国の国立大学で流行した教養部廃止に伴う理系、主として生物、地学教官を吸収するための緊急避難的な学科であったと云ってしまえば身も蓋もありません。しかし、多くの大学での新学科には「環境」の二文字が挿入されていたということから察すると、たとえ各大学での学科設立への哲学がいかに高邁であったにせよ、着地点はいささか安直の印象を免れません。そして開講科目には「環境○○学」といった科目が並んではいるが、担当者の専門分野に環境の二文字を付けたものもありました。これでは折角新しい革袋で新しい酒を醸そうにも、革袋は綻びざるを得ない。そこで私は自分の狭い専門領域を封印して、学科の名に相応しい講義を目指しました。そんな折に毎年12月にサンフランシスコで開催されるアメリカ地球物理連合学会（AGU）の会場で出会ったのが出版されたばかりのThe Earth System でした。それは地球科学の入門書や、いわゆる環境科学の教科書でもない、タイトルの示す通りの地球システムの概説書、しかも内容が斬新でした。

The Earth Systemは通常の地球科学の入門テキストとは一味も二味も違っていて、大変優れたテキストですが、大学初年級の学生にはやや高度であると思われました。にも拘わらず、私はこれをテキストとして採用した。それは、高度であるとは云え、難解な数式が羅列している訳ではないし、やや高度な概念を英語で学ぶことはその後の彼らにはきっと役立つに違いないと考えたからです。この作戦は満点とまでは言えなくても一応成功したと自負しています。しかしこのテキストを使用したことで一番多くのものを得たのは誰よりも私自身でした。私の研究は同位体地質学が中心でしたが、それまでの講義は地球科学全般に亘っていたので、環境にかんする講義もそれなりの自信はありました。ところがThe Earth Systemを読み始めてみると、自分の浅学さを思い知らされました。それは60歳を前に未知との遭遇であり、新分野の手習いの始まりでした。

狭い範囲に限られている自分の専門分野の話題は、謂わば使い古しの引き出しです。そこから一歩、二歩踏み出すと、多くの面白い未知な世界が拡がっていました。毎日少しずつ読み進めたところ、講義ノートは日増しに重くなってきました。これをたたき台にした講義は、私にとっては充実した時間でした。

しかし、歳月は人を待ってはくれません。やがて私は定年退官の時を迎えました。偶々ですが、それと同時に熊本大学理学部は改組になり、環境理学科は発足して10年足らずで雲散霧消してしまいました。環境科学への私の取り組みはなんだったのだろうか？とボヤク暇もなく、私は台湾国立成功大学へ研究教授として台南へ赴くことになりました。この大学の游鎮烽教授の研究計画が台湾のCOEに採用され、私も研究スタッフに選ばれたのです。それからの３年間は再び同位体地質学の世界で活動することになりました。

2009年に帰国してから研究生活とは縁を切りましたが、心残りがありました。それは熊本大学での在任期間に担当した講義の内容を何らかの形で残しておきたいという願望でした。講義ノートを整理して原稿を書き始めたのですが、それを読み直すとThe Earth Systemの構成と内容がほとんど同じであることに気がついて愕然としました。それだけThe Earth Systemが頭の中に棲みついていたのかもしれませんが、これを自分の原稿として世に出すわけには行きません。それなら原著第２章のデージーワールドを中心にした翻訳原稿ならば、世に問うても許されるのではないかというのが本書誕生の経緯です。

最終章では脱原発と二酸化炭素低減のための植樹作戦を主張しました。原著には勿論このような論考はありません。が、2011.3.11以降、5年の時を経た現在の状況に対して日本の地球科学者の一人として、黙して語らず、では済まされないという想いがありました。原著者が日本での状況を知るなら、編著者の意見に理解を示してくれるだろうと自負しています。

翻訳許可の申し出に対して原著者からは快諾を頂きました。学生時代の同級生、OMUP理事長足立泰二博士には原稿を読んでいただいたところ、出版を薦めて頂き、この冊子が世に出ることとなりました。同学の畏友、鳥居雅之、乙藤洋一郎両博士には原稿に数々のコメントを頂き、また東北大学名誉教授鳥羽良明博士には第3章について貴重な指摘を頂きました。深く感謝する次第です。

索　引

A−Z

ア行

カ行

サ行

タ行

ナ行

ハ行

マ行

ヤ行

ラ行

ワ行

■著者プロフィール

能田　成（のうだ　すすむ）

1941年　京都市に生まれる

1964年　京都大学農学部農学科卒業

1972年　京都大学大学院理学研究科博士過程単位修得退学
同年７月京都大学理学博士

1972年　京都産業大学講師、助教授をへて1981年　教授

1979年、1984年　アメリカ合州国カリフォルニア理工科大学客員研究員（地質学・惑星科学部門）

1988年　京都大学崑崙学術登山隊隊長。6903m峰初登頂

1999年４月１日　熊本大学理学部教授。2006年定年により退職。同年2009年まで、台湾国立成功大学研究教授（理学部地球科学）

著　書『K12峰遠征記（共著）』、『地球科学の窓（共著）』、『日本海はどうできたか』

ＯＭＵＰの由来
大阪公立大学共同出版会（略称OMUP）は新たな千年紀のスタートとともに大阪南部に位置する５公立大学、すなわち大阪市立大学、大阪府立大学、大阪女子大学、大阪府立看護大学ならびに大阪府立看護大学医療技術短期大学部を構成する教授を中心に設立された学術出版会である。なお府立関係の大学は2005年４月に統合され、本出版会も大阪市立、大阪府立両大学から構成されることになった。また、2006年からは特定非営利活動法人（NPO）として活動している。

Osaka Municipal Universities Press(OMUP) was established in new millennium as an association for academic publications by professors of five municipal universities, namely Osaka City University, Osaka Prefecture University, Osaka Women's University, Osaka Prefectural College of Nursing and Osaka Prefectural College of Health Sciences that all located in southern part of Osaka. Above prefectural Universities united into OPU on April in 2005. Therefore OMUP is consisted of two Universities, OCU and OPU. OMUP has been renovated to be a non-profit organization in Japan since 2006.

デージーワールドと地球システム
―― The Earth Systemより抄訳と編著者のノートから ――

2017年３月20日　初版第１刷発行

著　者　能田　成
発行者　足立　泰二
発行所　大阪公立大学共同出版会（OMUP）
〒599-8531 大阪府堺市中区学園町１－１
大阪府立大学内
TEL　072（251）6533　FAX　072（254）9539
印刷所　和泉出版印刷株式会社

ISBN978－4－907209－66－7